poly 12

Schriftenreihe der Eidgenössischen Technischen Hochschule
Zürich, herausgegeben von der Kommission für die Abteilung
für Geistes- und Sozialwissenschaften

D1664364

Heinrich Ursprung

Wachstum und Umbruch

Reden und Aufsätze über Wissenschaft
und Wissenschaftspolitik

Birkhäuser Verlag, Basel und Stuttgart

Herausgegeben für die Eidgenössische Technische Hochschule Zürich
und deren Abteilung für Geistes- und Sozialwissenschaften

von Jean-François Bergier
  Roger Kempf
  Adolf Muschg
  Hans Werner Tobler
  Heinrich Zollinger

CIP-Kurztitelaufnahme der Deutschen Bibliothek

Ursprung, Heinrich:
[Sammlung]
Wachstum und Umbruch: Reden u. Aufsätze über
Wiss. u. Wissenschaftspolitik/Heinrich Ur-
sprung. – Basel, Stuttgart: Birkhäuser, 1978.
  (Poly: 12)
  ISBN 3-7643-1053-7

ISBN 3-7643-1053-7

Inhaltsverzeichnis

Vorwort der Herausgeber

Der vorliegende Band von Heinrich Ursprung scheint in Inhalt und Ausrichtung von der bisherigen Thematik der «Poly-Reihe» etwas abzuweichen. Als wir vor knapp zwei Jahren Präsident Ursprung anfragten, ob er einen Beitrag an unsere Reihe beisteuern würde, leitete uns die Absicht, die bisher überwiegend interdisziplinär ausgerichteten bzw. der Thematik der Geistes- und Sozialwissenschaften verpflichteten Bände durch einen Beitrag mit unmittelbarem Bezug zu aktuellen Hochschulfragen zu ergänzen. Dabei sollte – neben hochschulinternen Problemen – auch die Stellung der Hochschule in Staat und Gesellschaft beleuchtet werden. Am Beispiel des Spannungsfeldes Hochschule–Gesellschaft wird also auch in diesem Band Komplementarität – eine allgemeine Zielsetzung dieser Reihe – dokumentiert. Wenn – wie es in der Geschichte der ETH die Regel war – ein Dozent sein angestammtes Fach mit der Schulleitung vertauscht, trennt er sich von der wissenschaftlichen Arbeit, die ihn bisher mit der Hochschule verbunden hat. Es schien uns deshalb wünschenswert, dass in diesem Band neben dem ETH-Präsidenten auch der Biologe Ursprung zu Worte kommt. Überhaupt sollte nicht versteckt, sondern vielmehr dokumentiert werden, dass das Amt durch die jeweilige Persönlichkeit des ETH-Präsidenten nachhaltig geprägt wird.

So stehen hier Aufsätze des Fachbiologen, Äusserungen des Präsidenten – grundsätzliche und gelegenheitliche – und mehr persönliche Erinnerungen im gleichen Spannungsverhältnis nebeneinander, das ihnen in der Realität der Hochschule – nicht nur der ETHZ – eigen ist. Erst zusammen machen sie, auch wo sie zum Widerspruch herausfordern, die Standortbestimmung einer verantwortlichen akademischen Existenz aus.

Die Herausgeber

Einleitung

In der Wissenschaft haben *Vorgänge* mich immer mehr interessiert als Zustände. Bewusst geworden ist mir diese Neigung während der Gymnasialzeit. In jener Phase besonders starker intellektueller Prägbarkeit faszinierte mich die Entwicklung der romanischen Sprachen, und das wurde gefördert durch Lehrerpersönlichkeiten nicht nur in den Sprachen, sondern auch in der Biologie; im Hochschulstudium und in meiner späteren wissenschaftlichen Tätigkeit war es die Entwicklung der befruchteten Eizelle zur zellulären Vielfalt des erwachsenen Organismus. Entwicklungsbiologische[1] Forschung setzt Kenntnisse in Zellbiologie, Molekularbiologie inklusive Biochemie und Genetik voraus und versucht, Erkenntnisse dieser Teilgebiete der Biologie auf den zeitlichen Ablauf von Entstehung und Differenzierung des Individuums zu übertragen.

Ich hatte das Glück, zwischen 1960 und 1970, als die grossen Durchbrüche der Molekulargenetiker, vor allem in den Vereinigten Staaten, die Biologie umgestalteten, in einem dynamischen Forscherteam an der Johns Hopkins University arbeiten zu können. Durch meinen Lehrer *Ernst Hadorn* an der Universität Zürich im Experimentieren geschult und an zähes Arbeiten gewöhnt, fand ich den Zugang zur neuen Welt der Selbstkritik, der oft ungestümen Ideen, des konstruktiven Leistungsdrucks leicht. In jenem Jahrzehnt wurden interessante Lehr- und Forschungsprojekte in den Vereinigten Staaten besonders grosszügig gefördert. Auch ein Assistenzprofessor konnte mit Finanzierung eines originellen Vorhabens rechnen – obwohl wir (oder gerade weil wir?) früher oder später mit der «up or out»-Frage konfrontiert wurden. Grosszügige Zuschüsse staatlicher Förderungsstellen ermöglichten uns, Mitarbeiter anzustellen, Doktoranden zu besolden. Die Studenten waren intelligent, motiviert, belesen, und sie forderten uns Lehrer geistig heraus, im Hörsaal, im Seminar, im Laboratorium, ohne Unterlass. Ihr Curriculum war zudem so gestaltet, dass sie Zeit hatten, auch durch gegenseitigen Kontakt zu lernen. Das alles machte konstruktive Kritik wirkungsvoll.

---

1 Die Bezeichnung «Entwicklungsbiologie» (aus dem amerikanischen «developmental biology» beginnt sich durchzusetzen und löst den früheren, zu engen Begriff «Entwicklungsphysiologie» ab.

Jene Zeit hat mir Maßstäbe mitgegeben. Die Laboratorien waren eng (weil die Investitionen mit den Betriebszuschüssen nicht Schritt hielten) und ungepflegt, aber versatil; die Einrichtungen zum Teil improvisiert, aber die Instrumente präzis. Das Departement war geführt, am langen Zügel zwar, aber in einer Richtung. Das Argument zählte, nicht von wem es stammte. Bei der Beurteilung eigener oder fremder Vorhaben in Lehre und Forschung stand die Frage nach der Qualität im Vordergrund. Wir jüngeren Professoren akzeptierten, dass die erfahrensten Kollegen das Drehbuch für die fortgeschrittenen Vorlesungen verfassten und uns jene Rollen zuteilten, für die wir geeignet waren – sinnvolle Beschränkung der Lehrfreiheit.

Einige Reden und Aufsätze zu dieser fachbezogenen Thematik bilden den ersten Teil der vorliegenden Sammlung.

Im Zeitpunkt der Rückkehr in die Schweiz (1969) war das Wachstum hier noch voll im Gang. Dank der grosszügigen Unterstützung konnte das Laboratorium für Entwicklungsbiologie (heute ein Teil des ETH-Instituts für Zellbiologie) rasch aufgebaut werden. Dennoch war der Übertritt an die ETH nicht besonders leicht. Warum waren so viele Studenten unzufrieden? War es das Schweizer Äquivalent der Studentenbewegung, die ich in den Vereinigten Staaten am Beispiel der Vietnam-Diskussion und in noch gesteigerter Form als Gastdozent in Berlin miterlebt hatte? Empfunden habe ich das Verhalten vieler Studenten der Abteilung für Naturwissenschaften in jenen Zeiten als Misstrauen den Professoren gegenüber; verstanden habe ich es nicht.

Kurz vor meinem Berufswechsel ins Präsidentenamt begann auch an der ETH der Übergang vom Wachstum ins quasi Nullwachstum. Für eine Hochschule vom Rang der ETH durfte das nicht Stillstand bedeuten, nicht Verharren auf dem Erreichten. Die Suche nach Neuem musste weitergehen, die Macht einer guten Idee musste immer noch honoriert werden können. Das hiess für die Leitungsorgane auf allen Stufen, Programme in Lehre und Forschung auf Inhalt und Form kritisch zu sichten. Diese Führungsaufgabe, schon an sich nicht einfach, wurde kompliziert und verlangsamt durch eine grundlegende formelle Neuerung, die sogenannte Mitsprache, die sich oft als fruchtbar, da und dort als ärgerlich, immer aber als zeitraubend erwies. Gerade die Mitsprache machte das Führen aus der Bewegung schwer.

In immer wieder neuen Zusammenhängen musste «das Problem» jener Zeit zur Sprache kommen, hochschulintern, aber auch bei Anlässen ausserhalb der Hochschule, im Gespräch mit Professoren, Studenten, Assistenten, Mitarbeitern, Politikern, Behörden, wissenschaftlichen Vereinigungen; nicht zuletzt auch in meinem Heimatkanton Aargau, der in diesen Zeiten mit allerlei hochschulpolitischen Problemen konfrontiert war und der mir am Herzen liegt. Vor allem beim Rede-und-Antwort-Stehen gegenüber Politikern wurde mir mehr und mehr bewusst, dass es unrealistisch ist, die Hochschule als Enklave in der Gemeinschaft zu sehen. Die Hochschule wird vom Gemeinwesen getragen, ist ein Teil des Gemeinwesens und muss für das Gemeinwesen Leistungen erbringen, die nicht auf die Ausbildung von Fachleuten beschränkt sein dürfen. Vor allem im Zeichen der Zielkonflikte der grossen Ausgabenposten des Landes pocht die Öffentlichkeit vermehrt auf ihren Anspruch, von den Hochschulen Antworten auf Gegenwartsprobleme zu erhalten. Und im technischen Zeitalter ist es nicht verwunderlich, wenn unser Land Antworten von den Technischen Hochschulen will. Als Fachleute, aber auch als Bürger sind wir Hochschullehrer zu Beiträgen aufgerufen. Wir mussten und wollten diese Herausforderung annehmen.

Das alles gab eine grosse Zahl von Reden und Aufsätzen, aus denen die Herausgeberkommission mit mir eine Auswahl für dieses Buch getroffen hat, vor allem für dessen zweiten und dritten Teil. Wir merzten Wiederholungen nicht aus, sondern verwendeten konsequent die datierten Texte, die höchstens redaktionell leicht überarbeitet oder etwas gekürzt wurden.

Einer grossen Zahl von Kollegen und Mitarbeitern aus Hochschule und Verwaltung bin ich zu Dank verpflichtet für fruchtbaren Gedankenaustausch und viel redaktionelle Hilfe; stellvertretend für alle sei Rektor Heinrich Zollinger genannt.

Zürich, im Juni 1978   H. U.

1
Mein Fach in Lehre und Forschung

1.1   Gedanken zu einem neuen Biologiestudium[1]

> «Alles ist in Bewegung und nichts bleibt
> stehen. Man kann nicht zweimal in den
> gleichen Fluss steigen. Der Fluss fliesst.»
> (Heraklit)

Es gibt eine Schätzung, nach der 95% der Naturwissenschafter aller Zeiten heute leben. Solche Schätzungen sind allerdings schwer mit Zahlen belegbar, weil die zugrundeliegenden Erhebungen mit grossen Fehlern behaftet sind. Für den Fachbereich der biologischen Wissenschaften weist die Schätzung aber sicher in der korrekten Richtung. So hat die Zeitschrift «Current Contents, Life Sciences», die jede Woche die Inhaltsverzeichnisse einer grossen Anzahl biologischer Fachzeitschriften abdruckt, für die Zeit vom 1. bis 31. Dezember des letzten Jahres über 12 000 Titel neuer Fachaufsätze zusammengestellt. Eine neue Flutwelle von Information bricht jede Woche über die Leser von «Current Contents» herein. Ein Teil dieser Information ist gut belegt und dürfte eigentlich vom gewissenhaften Fachmann nicht übersehen werden. Zwei Arten von Information fallen in diese Kategorie: einmal Erkenntnisse, die unser Wissen *erweitern* – ihre Aneignung bestimmt die Zunahme unseres Wissens; und dann Erkenntnisse, die unser Wissen *korrigieren* – diese Kategorie bestimmt die Lebensdauer des gültigen Wissens.

Nicht alle Hochschulbiologen reagieren auf die neue Information in gleicher Weise. Die einen kapitulieren, indem sie die neuen Erkenntnisse ignorieren. Dabei zerkrümelt ihr nutzbares Wissen mit einer Halbwertszeit, die der Biologe und Bildungswissenschafter H. Bentley Glass derjenigen eines amerikanischen Automobils mittlerer Preisklasse gleichsetzt. Diese Halbwertszeit von 4 bis 5 Jahren gilt für heute. Zu Beginn unseres Jahrhunderts war sie beträchtlich länger. Damals war Resignation denn auch eine vertretbare Haltung. Damals hat sich auch die Lehrmethode bewährt, in der ein Professor einer Schar von Schülern aus Büchern Fachwissen vorlas, das die Studenten dann in Form von Notizen schwarz auf weiss besassen und getrost nach Hause trugen. Der auf diese passive Weise gefüllte Schulsack reichte sicher vielen Absolventen für viele Jahre produktiver Arbeit aus.

1 Einführungsvorlesung, gehalten an der ETHZ am 29. Januar 1971.

Heute ist das nicht mehr der Fall. Die Halbwertszeit gültigen neuen Wissens ist jetzt so kurz, dass der Resignierende schon nach wenigen Jahren die Fähigkeit weitgehend verloren hat, den Anschluss an neues Wissen wieder zu finden, falls er, zu spät, seinen Fehler einsieht und sich wieder zurechtfinden will. Der Genetiker Th. Dobzhansky hat diesen Sachverhalt für sein Fachgebiet so charakterisiert: 'If a geneticist would have fallen asleep 10 years ago and now suddenly awakened, he would not understand what those colleagues who had not fallen asleep were talking about.'

Aus der Erkenntnis der kurzen Gültigkeitsdauer unseres Wissens haben viele Hochschullehrer sich bald entschlossen, der Informationswelle nicht mit Resignation zu begegnen, sondern unter grossem Energieaufwand mit der Informationswelle Schritt zu halten: mitgeschwemmt zu werden, mitzuschwimmen oder gar an ihrer Erzeugung mitzuhelfen. Wir lesen also fleissig neue Bücher und ungezählte Originalarbeiten im Bestreben, den Inhalt unserer Vorlesungen und Kurse immer wieder auf den neusten Stand gültigen Wissens zu bringen. Diese Art der Vorlesung ist gegenüber der klassischen Vorlesung ganz wesentlich verbessert: Oft vermitteln wir jetzt unseren Studenten Wissen, das sie noch in keinem Buch bequem selber lesen könnten. Einige Dozenten gehen technisch noch etwas weiter, indem sie ihre Kompilationen in Form von Polykopien an die Studenten abgeben. Diese Massnahme wirkt sich auf die Handgelenke der Studenten schonend aus und dürfte auch zur Behebung der Raumnot beitragen, weil der Besuch der Vorlesung für viele Studenten dann offenbar hinfällig wird.

Nach meiner Ansicht ist in der Biologie auch diese neue Vorlesung – mit oder ohne Polykopien – nicht mehr vertretbar, falls sie sich auf die Vermittlung des zeitgemässen Wissensstandes beschränkt. *In einer Zeit des ständigen Umbruchs des Wissensgutes ist nicht die Schule die beste, die ihren Absolventen ein möglichst grosses Mass von gültigem Fachwissen vermittelt, sondern jene Schule, die ihren Studenten das Rüstzeug mitgibt, sich selbst weiteres Wissen anzueignen.* Unsere Lehrveranstaltungen müssen mehr denn je darauf ausgerichtet werden, den Werdegang von Erkenntnis mitzuteilen. Unsere Studenten sollen nicht nur wissen; sie sollen sich zu helfen wissen. Das heisst nicht, dass im Biologiestudium die Vorlesung als Lehrveranstaltung abgeschafft werden soll. Aber wir müssen ihren Inhalt verändern. Wir müssen aus dem reichen Erfahrungsgut eine geschickte Auswahl von Beispielen treffen, die zwar in ihrer Gesamtheit den roten Faden durch den Fachbereich in

Erscheinung treten lassen; unser Hauptanliegen muss aber darin bestehen, den wissenschaftlichen Weg aufzuzeigen, auf dem die Erkenntnisse unserer Beispiele gemacht wurden.

Es ist wichtiger für einen Studenten, zu wissen, auf welchem Weg der Lebenszyklus eines Parasiten ergründet wird, als möglichst viele solche Lebenszyklen auswendig zu kennen. Es ist wichtiger für einen Studenten, zu lernen, nach welchen Kriterien eine ausgewählte Gruppe von Organismen systematisch geordnet wird und sie auch selbst bestimmen zu können, als möglichst viele Gruppen auswendig zu kennen. In der Experimentalbiologie liegt es auf der Hand, dass jede Einzelvorlesung von klaren Fragestellungen ausgehen muss, dass sie dann die verwendeten Methoden, Techniken und die erhaltenen Ergebnisse beschreiben und schliesslich die Resultate aus der Perspektive des akkumulierten Fachwissens kritisch beurteilen sollte. Die grosse Fülle des Erfahrungsgutes wird in einer solchen Vorlesung nicht substantiell behandelt, sondern es wird darauf verwiesen. Der Student muss sich dieses Erfahrungsgut durch Selbststudium aus Lehrbüchern, Originalliteratur und durch Diskussion in Gruppen aneignen. Soweit die Methodik des Lesens von Originalliteratur nicht schon in der Vorlesung geschult wird, muss sie in Literaturkolloquien speziell geübt werden. Dort erhalten die Studenten zudem die unbedingt notwendige Übung im Lesen fremdsprachiger Originalarbeiten. Wir müssen unsere Studenten so weit bringen, dass sie auch später in der Praxis fähig sind, die Aussagekraft publizierten Materials kritisch zu beurteilen.

Dieser Vorschlag vermehrten und geführten Selbststudiums versetzt Studenten und Stundenplankoordinatoren in einen Zustand von Panik. Wenn immer ich einen Studenten frage, warum er diese oder jene Originalarbeit nicht gelesen habe, antwortet er, er habe keine Zeit. Wenn immer ich anrege, eine zusätzliche Lehrveranstaltung in das Programm aufzunehmen, machen mich Kollegen auf die Schwierigkeiten aufmerksam, die sich im Stundenplan ergeben. Zwei der inhaltlich besten Lehrveranstaltungen unseres Instituts werden von Studenten kaum besucht, aus Zeitmangel. Zeitmangel und Stundenplanprobleme machen Reformbestrebungen derart schwierig, dass es mir nötig schien, ihren Ursachen nachzugehen. Ich habe die Ursachen gefunden, und man kann sie beheben.

In den Zeiten der klassischen Vorlesung waren die biologischen Wissenschafter nach Organismengruppen geordnet. Es gab Botaniker, Zoologen, etwas später Mikrobiologen, Anthropologen, Entomologen, die auch administrativ in entsprechende Institute gruppiert waren. Zielsetzung jeder dieser Spezialistengruppen war es, ihre Organismen kennenzulernen. Während langer Zeit beschränkte sich dieses Kennenlernen auf das evolutiv sinnvolle Ordnen pflanzlicher und tierischer Formen. Dann wurde aus dieser ordnenden Wissenschaft jedoch eine erklärende, die durch kausalanalytische Arbeit das reiche Beobachtungsgut sinnvoll zu interpretieren suchte. Und bald gab es Wissenschafter und Institute, deren Interesse mehr der Analyse von Lebensvorgängen galt als dem Zuordnen von Organismen in ein System. Je nach dem Untersuchungsobjekt nannten sie sich Allgemeine Botaniker oder Allgemeine Zoologen, in mehr oder weniger scharfem Gegensatz zu den Systematischen Botanikern und Systematischen Zoologen.

Je tiefer ihre analytische Arbeit getrieben wurde, desto klarer kam die grundsätzliche Erkenntnis zum Vorschein, dass eine grosse Zahl von Lebensvorgängen universalen Charakter hat. Der Stoffwechsel der Zelle, die Zellteilung, der genetische Code, der Informationstransfer in der Zelle, die Interaktion von Zellen zur Bildung von Geweben und Organen, die Funktion dieser Gewebe: alle diese Grundphänomene und noch viele andere spielen sich in Pflanzen und Tieren weitgehend identisch ab. Es gibt interessante Ausnahmen dieser Erkenntnis, wie etwa die Photosynthese der Pflanzen oder die nervöse Signalübermittlung der Tiere. Trotz solchen Ausnahmen darf man aber nicht übersehen, dass es *heute eine Wissenschaft gibt, die man Allgemeine Biologie nennen darf.* Ich betrachte diese Erkenntnis als eine der grössten des letzten Jahrhunderts biologischer Forschung, und es spricht für die Funktionstüchtigkeit der klassischen *ordre de bataille* der Biologen, dass die Erkenntnis gewonnen werden konnte. Für unser Lehrsystem hatte die Gruppierung der Wissenschafter nach Organismengruppen aber ungute Folgen. Die Botaniker, Zoologen, Mikrobiologen und Anthropologen begannen, diese allgemein biologischen Erkenntnisse in ihren sogenannten Grundvorlesungen an «ihren» Organismen abzuwickeln, im begrüssenswerten Bestreben, ein abgerundetes Bild der Biologie ihrer Organismen zu vermitteln. Als Folge der resultierenden intellektuellen Mehrspurigkeit habe ich selbst in meiner Studentenzeit z. B. den Mendelismus, die Mitose und die Meiose in vier Grundvorlesungen und einer ganzen Reihe von Spezialvorlesungen gehört. Im vergangenen Sommersemester habe ich mich als Dozent eines ähnlichen Fehlers schuldig gemacht. Meine Vorlesung «Physiologische Genetik» war inhaltlich zu 80% identisch mit einer Vorlesung des Molekularbiologen

Robert Schwyzer («Struktur und Funktion von Biopolymeren») und überlappte zu 30% mit der Vorlesung des Mikrobiologen Ralf Hütter («Genetik der Mikroorganismen»). Ich machte diese Feststellung erst, als ich das detaillierte Inhaltsverzeichnis meiner Vorlesung in einem Kreis verdächtiger Kollegen zirkulieren liess. Wir werden in Zukunft diesen organisatorischen Fehler nicht mehr machen, der uns selbst und die Studenten wertvolle Stunden gekostet und zudem den Stundenplan unnötig belastet hat. Ab Sommersemester 1971 wird die Vorlesung als «Genetik II» gemeinsam durchgeführt.

Wenn man Inhaltsverzeichnisse anderer Vorlesungen vergleicht, so erkennt man sofort, dass auch dort unnötige Mehrspurigkeiten bestehen. Dem Studenten werden diese Überschneidungen erst post factum offenbar, weil er vor dem Besuch von Vorlesungen kaum Zugang zu Inhaltsverzeichnissen hat. Aus blossen Vorlesungstiteln wird er oft nicht klug, weil die Aussagekraft der Titel beschränkt ist, besonders bei den sogenannten «allgemeinen» Vorlesungen. Hinter der amorphen Bezeichnung «Allgemeine Botanik» z.B. kann sich ein grosses Spektrum von Inhaltsstoff verbergen. Und gerade in diesen Grundvorlesungen wird der Student noch und noch auf mehr oder weniger gründliche und mehr oder weniger kompetente Behandlung des Zellkerns, der Chromosomen, der Spindel und der modernen Dreifaltigkeit von Desoxyribonukleinsäure (DNS), Ribonukleinsäure (RNS) und Protein stossen.

Wir müssen uns nochmals ganz klar vor Augen führen, dass es zu dieser intellektuellen Mehrspurigkeit unserer Grundvorlesungen deshalb kam, weil Spezialisten ehrlich bemüht waren, die Gesamtbiologie an ihrem Organismus vorzuführen. Angesichts der Zeitnot ist dieser Aufbau von Vorlesungen jetzt nicht mehr tragbar. *Wir können nun auf ausserordentlich einfache Weise intellektuelle Mehrspurigkeit und Zeitnot aus dem Weg räumen, indem wir die Lehrveranstaltungen nicht von Organismengruppen ausgehen lassen, sondern von biologischen Fragestellungen. Didaktisch am einfachsten lässt sich dieses Konzept dadurch in die Tat umsetzen, dass man das Wissensgut nach der Organisationshöhe gruppiert.* Am einen Ende dieses Bereichs liegt die Biologie der Moleküle, und wir erreichen über die Biologie der Zelle, des Gewebes, des Organismus das andere Ende, wo wir in der Umweltbiologie das Zusammenwirken von Organismen mit ihrer Umwelt besprechen.

Statt weiter zu theoretisieren, möchte ich jetzt einen Semesterplan eines neuen Biologiestudiums vorschlagen, der auf diesen Gedanken aufbaut. Gezeigt sind nur Vorlesungstitel. Detaillierte Inhaltsverzeichnisse müssen erstellt werden, und eine sorgfältige Netzplanauswertung muss dafür sorgen, dass Überschneidungen und unnötige Wiederholungen vermieden werden.

Die nachfolgenden Tabellen enthalten meinen Vorschlag eines Detailplans. B bezeichnet den «Belastungswert» und ist in Stunden pro Woche angegeben; der Wert berechnet sich nach $B = \Sigma$ (Vorlesungsstunden $\cdot$ 3) + Übungsstunden + (Praktikumsstunden $\cdot$ 1,5). Damit kommt zum Ausdruck, dass der Student für jede Vorlesungsstunde mehr oder weniger gleichentags zwei Stunden Selbststudium betreibt, für jede Praktikumsstunde eine halbe Stunde. Die vier Semester des Grundstudiums sind stark dotiert mit naturwissenschaftlichen Grundlagenfächern. Wenn immer möglich sollten diese naturwissenschaftlichen Grundvorlesungen auf die Bedürfnisse der Biologie zugeschnitten sein. Die Mathematikvorlesungen müssen dem Biologiestudenten Zugang verschaffen zum Verständnis der Kinetik chemischer Reaktionen, aber auch das praktische Rüstzeug in die Hand geben für statistische Auswertung von Daten mit dem Computer. Die Kurse in Physikalischer Chemie sollen mithelfen, das moderne Arsenal von Arbeitsmethoden wie Zentrifugation, Gelfiltration und Elektrophorese verständlich zu

1. Semester B = 55	Vorlesungsstunden	Übungsstunden	Praktikumsstunden
Mathematik für Biologen I	4	2	–
Allgemeine Chemie für Biologen	4	2	8
Biologische Formenkenntnis I	2	–	–
Anatomie und Histologie der Pflanzen und Tiere	2	–	–
Biologische Ringvorlesung I	1	–	–
Semesterprüfungen in jeder Vorlesung			

2. Semester B = 55			
Mathematik für Biologen II	4	2	–
Organische Chemie für Biologen I	4	2	8
Biologische Formenkenntnis II	4	–	4 Wochen
Biologische Ringvorlesung II	1	–	–
Semesterprüfungen in jeder Vorlesung			

3. Semester B = 48

Physik für Biologen I	4	2	–
Organische Chemie für Biologen II	4	2	8
Physikalische Chemie für Biologen I	2	2	–
Semesterprüfungen in jeder Vorlesung			

4. Semester B = 51

Physik für Biologen II	4	–	4
Physikalische Chemie für Biologen II	2	–	4
Biologische Ringvorlesung III	1	–	–
Biochemie – Molekularbiologie I	4	–	4
Semesterprüfungen in jeder Vorlesung			
Ausweis aufgrund des Punktemittels			

5. Semester B = 51	Vorlesungs-stunden	Praktikums-stunden
Biochemie – Molekularbiologie II	2	–
Zellbiologie I	3	–
Physiologie der Pflanzen und Tiere I	3	–
Genetik I	3	–
Biologisches Praktikum I	–	8
Literaturkolloquium I	2	–
Semesterprüfungen in jeder Vorlesung		

6. Semester B = 51		
Zellbiologie II	3	–
Physiologie der Pflanzen und Tiere II	3	–
Genetik II	3	–
Biologisches Praktikum II	–	16
Semesterprüfungen in jeder Vorlesung		

7. Semester B = 51		
Biophysik	2	–
Entwicklungsbiologie	2	–
Verhaltensbiologie	2	–

Umweltbiologie	4	–
Seminar I	2	–
Einlesen in Diplomthema	1	–
Spezialvorlesungen für Diplomthema	2	–
«Lehre» für Diplomarbeit	–	4
Semesterprüfungen in jeder Vorlesung		
Schlussprüfungen in Biologie		

8. Semester

Diplomarbeit
Seminar II
Literaturkolloquium II
Diplom aufgrund des Ausweises, der Schlussprüfungen und der Diplomarbeit

machen. In der Physik darf die Elektronik nicht zu kurz kommen, und die Optik muss das Gebiet der Licht- und Elektronenmikroskopie mitumfassen. Die Chemie schliesslich muss besondere Rücksicht nehmen auf die Bedürfnisse der Biologischen Chemie. Neben diesen Grundvorlesungen sind biologische Ringvorlesungen vorgesehen. Hier sollen grosse biologische Zusammenhänge vorgeführt werden, z. B. in einer Ringveranstaltung über Paläontologie – Vergleichende Anatomie – Tiergeographie. Die Ringvorlesungen sollen schon vorhandenes biologisches Interesse der Studenten erhalten oder schlummerndes Interesse an Biologie wecken. Sie müssen allgemein verständlich sein für Studenten, die noch wenig Kenntnisse in Mathematik, Chemie und Physik haben. Auf diese Stufe gehören auch die Anatomie und die Histologie. Daneben ist die Biologie im Grundstudium stark vertreten auf dem Gebiet der Formenkenntnis, auf die ein späteres biologisches Fachstudium unbedingt aufbauen muss. Ich halte es für wichtig, dass Formenkenntnis auch praktisch sehr intensiv geschult wird, was durch Feldkurse und Exkursionen im 2. Semester geschehen kann. Nach meinem Plan würden sämtliche Vorlesungen dieser vier Semester laufend durch Semesterprüfungen kontrolliert und dem Studenten am Ende des 4. Semesters ein Ausweis mit Notenmittel erteilt, der ihm entweder einen Berufswechsel erleichtert oder aber das Weiterstudium in biologischer Richtung ermöglicht. Es ist wichtig, dass ein Punkte*mit-*

tel für diesen Ausweis massgebend ist, damit bei der Selektion von
Biologen ein möglichst breites Talentspektrum berücksichtigt wird.

Noch im 4. Semester beginnt dann das biologische Fachstudium,
und zwar auf der Stufe der Biologie der Moleküle, die zwanglos an das
Grundlagenstudium anschliesst und im höchsten Masse geeignet ist,
höhere Organisationsstufen besser verständlich zu machen. Der Schwerpunkt der biologischen Fachausbildung liegt im 5. und 6. Semester. Ich
glaube, es wäre didaktisch in dieser Phase sinnvoll, nach dem «Block-
prinzip» zu unterrichten. In der ersten Hälfte des 5. Semesters könnten
Biochemie–Molekularbiologie und Zellbiologie so weit vermittelt werden, dass Physiologie und Genetik sinnvoll anschliessen könnten. Durch
beide Semester hindurch würde ein integriertes Praktikum offeriert, das
inhaltlich mit dem Vorlesungsprogramm koordiniert wäre. Im 5. Semester lernt der Student zudem im Literaturkolloquium den Umgang mit
Originalarbeiten.

Im 7. Semester liegt der Schwerpunkt des Fachstudiums bei der
Umweltbiologie. Und jetzt erfolgt der Übergang ins Spezialstudium.
Der Student wird sich – geführt – in das Spezialgebiet seiner Diplomarbeit einlesen, ein Seminar und Spezialvorlesungen in seinem Gebiet
besuchen und wird zudem im Laboratorium seines Diplomvaters eine
«Lehre» absolvieren. Im Laufe dieser Lehre soll er die Arbeitsmethoden
besonders gut kennenlernen, die er für die Ausführung seiner eigenen
wissenschaftlichen Arbeit im 8. Semester brauchen wird. Im 8. Semester
schliesslich ist er dann von Lehrveranstaltungen fast völlig befreit und
kann sich vorwiegend der Ausführung einer wissenschaftlichen Arbeit
widmen. Er muss auch nicht mehr auf die Diplomprüfungen arbeiten,
da er die zusammenfassende Fachprüfung bereits am Ende des 7. Semesters hinter sich gebracht hat. Das Diplom wird ihm aufgrund des Aus-
weises, der zusammenfassenden Prüfung und der Diplomarbeit erteilt.

*Ein solcher Diplombiologe wird ein vielseitiger Biologe mit kurzer
Spezialausbildung sein, deren Charakter aus dem Titel der Diplomarbeit
hervorgeht.* Ich glaube, ein Biologe mit diesem Diplom wäre jetzt
vorbereitet, in vielen Aufgabenkreisen eingesetzt zu werden. Von Fall
zu Fall wird aber entschieden werden müssen, ob das dem Absolventen
zugedachte Arbeitsgebiet eine Vertiefung schon vorhandenen Wissens
oder sogar zusätzliche Spezialisierung erfordert. Für solche Fälle müsste
der Absolvent ein Nachdiplomstudium besuchen. Für angehende Mittelschullehrer besteht dieses Nachdiplomstudium aus Kursen in Didaktik und Hospitieren an einer Mittelschule. Für angehende Mikrobiolo-

gen oder Entomologen oder Teratologen oder Toxikologen oder Phytopathologen müssten die Hochschulen entsprechende Vorlesungen und Kurse offerieren, die übrigens nicht nur jungen Absolventen, sondern auch älteren Semestern der Industrie im Sinne von Wiederholungskursen offenstehen müssten. Eine weitere Form des Nachdiplomstudiums wird nach wie vor das Doktorieren sein.

Sie werden sich fragen, wie sich dieses neue Studium vom bestehenden unterscheide. Der bedeutendste Unterschied liegt darin, dass das neue Studium *einen* Typus von breit ausgebildeten, vielseitigen Biologen produziert, das bestehende hingegen Spezialisten. In den heute an der ETH bestehenden drei Hauptrichtungen des Biologiestudiums wird ein breites Spektrum von sogenannten Zoologen und Botanikern, von Mikrobiologen, Entomologen, Molekularbiologen, Biochemikern, Geobotanikern, Genetikern ausgebildet.

Ich komme aus drei Gründen zu dem Vorschlag, dass an der ETH künftig nur noch ein Typus von Biologen ausgebildet werden soll, mit nur bescheidener Spezialisierung gegen Ende des Studiums. Einmal ist es bei der raschen Entwicklung der Biologie völlig ungewiss, in welcher Stossrichtung sich die Biologie der nächsten Generation entwickeln wird. Zum zweiten kann unsere chemische Industrie, grösster Arbeitgeber der Biologen, die wir an der Hochschule ausbilden, keine verbindliche Auskunft geben über die Wirkungskreise, in denen sie unsere Biologen in Zukunft einsetzen muss. Gegenwärtig besteht zwar offenbar ein Bedarf für mikrobiologisch, pharmakologisch, physiologisch und toxikologisch geschulte Biologen. Meine Besprechungen mit Vertretern der Industrie haben aber klar gezeigt, dass die Industrie nicht abschätzen kann, ob und wann ein besonders grosser Bedarf auf den Gebieten z.B. der Mutagenitäts- und Teratogenitätsabklärung von Pharmaka vorhanden sein wird. Diese grosse Unsicherheit zwingt uns, die Studenten in ihrem eigenen und im Interesse der Volkswirtschaft versatil auszubilden. Und drittens sind wir es unseren Mittelschülern schuldig, dass sie von breit ausgebildeten Lehrern geschult werden, nicht durch enge Spezialisten.

In diesem Zusammenhang möchte ich auf die Frage von Angebot und Nachfrage akademisch gebildeter Biologen eingehen. Ich habe drei Rundschreiben erlassen. Eines ging an die Regierungen sämtlicher Kantone und hatte die Ermittlung der Zahl der Hochschulbiologen zum Zweck, die als Mittelschullehrer, in chemischen Laboratorien, im Gewässerschutz oder in anderen Staatsstellen im Einsatz sind. Das zweite

Rundschreiben ging an die Direktionen der vier grossen Basler pharmazeutischen Unternehmen zur Ermittlung der Zahl der Biologen mit Hochschulabschluss, die dort gegenwärtig tätig sind. Das dritte Rundschreiben, an die Hochschulen gerichtet, sollte Aufschluss über den Nachwuchs an Hochschulbiologen geben.

Die erhaltenen Zahlen sind mit Vorsicht zu betrachten. Zwar haben uns alle Kantone und Halbkantone ausser Waadt und Freiburg Zahlen geliefert. Aber gerade bei der Erfassung von Lehrern kann man die eingegangenen Zahlen nicht ohne weiteres mit gleichem Gewicht werten, weil die Bestimmungen für die Lehrerausbildung kantonal verschieden geregelt sind. Diese Schwierigkeit ergibt sich vor allem auf der unteren Mittelschulstufe. Es gibt z.B. im Aargau eine ganze Anzahl Bezirkslehrer mit Hochschulabschluss, die der Kanton aber nicht als solche deklariert hat. Anderseits erschienen die *maîtres secondaires* mit Hauptfach Biologie in der Aufstellung des Kantons Genf, ihre Kollegen aus den zürcherischen Sekundarschulen aber nicht, weil sie hier nicht als Biologen, sondern als Absolventen der Philosophischen Fakultät II aufgefasst werden. Wenn wir hoffen, dass die so entstandenen Fehler sich gesamtschweizerisch etwa ausgleichen, kommen wir auf ein Total von ungefähr 500 Staatsstellen, die gegenwärtig von Hauptfachbiologen besetzt sind. Unter Hauptfachbiologen verstehe ich dabei – und das war für diese Erhebung nötig – Hochschulabsolventen, die auf irgendeinem biologischen Fachgebiet ausgewiesene Fähigkeiten haben und sich je nach Herkunft Botaniker, Zoologen, Mikrobiologen, Biochemiker, Entomologen usw. nennen. Die vier Basler Firmen beschäftigen gegenwärtig etwa 200 Biologen mit Hochschulabschluss; die Zahl ist eine vorsichtige Schätzung an der unteren Grenze der Wirklichkeit, besonders weil eine gerade in die Zeit der Erhebung fallende Firmenfusion zu einer gewissen Unübersichtlichkeit führte. Weitere 30–40 Biologen sind gegenwärtig in kleineren Betrieben der chemisch-pharmazeutischen Industrie tätig. Diese Schätzung stützt sich auf eine Erhebung der Fachschaften für Zoologie und Botanik der Universität Bern, die Ende 1969 einen Fragebogen an rund 70 Unternehmungen in der Schweiz verschickte. Nur die Hälfte der angefragten Unternehmen sandte den Fragebogen zurück, und diese Antworten stammten ausschliesslich von kleineren Betrieben. Die Zahl muss als untere Schätzung bewertet werden.

Die Berner Fachschaften haben in ihrer Erhebung zudem 25 eidgenössische Ämter und Versuchsanstalten erfasst, mit dem Ergebnis, dass dort gegenwärtig 80–120 Hochschulbiologen beschäftigt sind.

Insgesamt sind uns demnach von eidgenössischer, kantonaler und privatwirtschaftlicher Seite rund 850 Stellen für Hochschulbiologen gemeldet worden. Wenn wir optimistisch annehmen, dass die Erhebungen eine Ausbeute von 85% haben, so ergibt sich ein ungefähres Stellenangebot von 1000.

Über die Altersstruktur der Hochschulbiologen, die diese Stellen gegenwärtig besetzen, ist mir wenig bekannt. In der Basler Industrie soll der Durchschnittsbiologe «erschreckend jung» sein. Wenn wir zur Vereinfachung annehmen, dass ein Biologe nach dem Hochschulabschluss der Volkswirtschaft 20 Jahre zur Verfügung steht und die Stellen in bezug auf Alter gleichmässig besetzt sind, dann ergibt sich bei 1000 Stellen ein Jahresbedarf von etwa 50 Biologen. Diese kurze Produktivitätzeit von 20 Jahren habe ich deshalb angenommen, weil ein männlicher Absolvent, je nach Zahl der Assistenten- und Militärdienstjahre, vielleicht im Durchschnittsalter von 26 Jahren für die Praxis produktiv wird; seine weibliche Kollegin wird das Studium ein Jahr früher abschliessen, dann aber häufig zunächst während 10, 15 oder gar 20 Jahren Hausfrau und Mutter sein und erst später, wenn überhaupt, ihren angestammten Beruf ausüben.

Diesen Zahlen müssen wir jetzt die Absolventenzahlen der schweizerischen Hochschulen gegenüberstellen. Summiert über die schweizerischen Hochschulen und die vergangenen 5 Jahre, werden jedes Jahr etwas über 100 Biologen und Biologinnen ausgebildet. Mit dieser Zahl werden wiederum alle Arten von Biologen erfasst, inklusive Biochemiker und Mikrobiologen.

Nicht erfasst sind in dieser Erhebung die Hochschuldozenten und die permanenten wissenschaftlichen Mitarbeiter der Hochschulinstitute; sie würden die Zahl der vorhandenen Stellen etwas erhöhen. Auch die Assistenten habe ich nicht erfasst, weil sie ja im allgemeinen durch die Erhebung in ihrer späteren Tätigkeit ohnehin gezählt werden und zudem im allgemeinen nur sehr kurz an der Hochschule bleiben.

Falls wir bei allen diesen Überlegungen einen Fehler von ≈ 2 zuungunsten der verfügbaren Anstellungsmöglichkeiten gemacht haben, dann würden sich Angebot und Nachfrage heute gerade etwa die Waage halten. Ich glaube nicht, dass der Fehler so gross ist. Es ergibt sich daraus, dass Biologe in der Schweiz heute kein Mangelberuf ist.

Diese Information dürfen wir nicht ohne Kommentar an die Berufsberater und Maturanden weitergeben. Sie stützt sich ja auf Erhebungen, die im engen Raum unserer Heimat gemacht wurden.

Unter den Wissenschaftern der westlichen Länder besteht aber weitgehende Freizügigkeit. Anfang der sechziger Jahre hat die Schweiz allein an die Vereinigten Staaten pro Jahr, netto, 150 Naturwissenschafter «exportiert». Gegenwärtig bahnt sich ein umgekehrter Trend an. Schweizer Naturwissenschafter versuchen in vermehrtem Masse, aus den Vereinigten Staaten in die Schweiz zurückzukehren. Gleichzeitig suchen auch amerikanische Biologen in der Schweiz Anstellung zu finden. Es ist nicht leicht, solche Trends auch nur für die Dauer einer Wissenschaftergeneration vorauszusagen. Immerhin ist es möglich, dass in den Vereinigten Staaten in wenigen Jahren eher ein Mangel an jungen Wissenschaftern bestehen wird, da wegen der gegenwärtigen Bildungspolitik der Vereinigten Staaten die Zahl der Doktoranden an amerikanischen Hochschulen massiv abgenommen hat. Ein zweiter «brain-drain» von Europa nach den Vereinigten Staaten könnte die Folge dieser Tatsachen sein. Heute sind in den Vereinigten Staaten und in Kanada rund 4000 Schweizer Wissenschafter angestellt, darunter etwa 5% (oder 200) Biologen, die wir eigentlich auf der Seite der Nachfrage dazuzählen sollten. Diese Zahlen verdanke ich dem wissenschaftlichen Attaché der Schweizer Botschaft in Washington. Entsprechende Zahlen aus anderen Kontinenten habe ich nicht erhalten.

Der zweite Kommentar, den wir unseren Zahlen beifügen müssen, ist eine Gegenüberstellung des Bedarfs an Biologen mit dem Bedürfnis von Maturanden, Biologie zu studieren. Es wäre leichtsinnig, unseren Maturanden generell vom Biologiestudium abzuraten. Denn durch diese Massnahme könnten uns jene biologiebegeisterten Studenten verlorengehen, die in 20 Jahren die Spitze unserer Biologie in Lehre und Forschung bilden müssen. Letztlich ist die Zahl unserer Absolventen weniger wichtig als ihre Qualität.

Die Spitzenqualität, die wir anstreben müssen, wird nur dann erreicht, wenn der Student dem Studienplan mit Enthusiasmus folgt. Ich bin überzeugt, dass der vorgeschlagene Studienplan diesen Enthusiasmus zu erzeugen und zu erhalten vermag. Denn er verbindet eine sinnvolle Gliederung unseres gegenwärtigen Wissensgutes mit dem Element des Selbststudiums. Ich kenne aus fast neunjähriger Lehrtätigkeit an amerikanischen Biologieschulen und aus fünfjähriger Gutachtertätigkeit in Kommissionen des amerikanischen Erziehungswesens zwar nicht identische, aber doch ähnliche Studienpläne. Sie haben sich bewährt.

Ich möchte schliesslich einige Bedenken von Fachkollegen zerstreuen. Es wird eingewendet, der Plan nehme keine Rücksicht auf die Bedürfnisse der Studenten der Land- und Forstwirtschaft und der Pharmazie, die ja auch Biologieunterricht erhalten. Dieser Einwand stimmt. Der Plan ist ausgesprochen für Biologen bestimmt. Ich glaube zwar, dass die eine oder andere Lehrveranstaltung des Plans direkt in den Studienplan anderer Abteilungen eingebaut werden kann. Ob das zutrifft, müssen die Kollegen aus diesen Abteilungen entscheiden. Wenn es nicht zutrifft, sind wir Biologen verpflichtet, für die anderen Abteilungen Servicevorlesungen und Kurse zu offerieren, die ihre Ansprüche befriedigen.

In diesem Zusammenhang wird weiter eingewendet, die ETH verfüge nicht über den nötigen Dozenten- und Assistentenstab für die Realisierung des Plans und schon gar nicht für zusätzliche Serviceleistungen. Dieser Einwand ist meines Wissens nicht belegt. Die Ermittlung der Lehrbelastung von Dozenten und Assistenten setzt Kenntnis der Netzpläne aller Lehrveranstaltungen voraus. Solche Netzpläne bestehen zurzeit nicht. Ich glaube aber, dass die Einführung integrierter Vorlesungen, wie ich sie am Beispiel der Genetik illustriert habe, ganz generell zu einer spürbaren Entlastung des Stabes führen wird, womit Servicevorlesungen durchführbar würden. Diese Entlastung führt nun allerdings nicht dazu, dass wir an der ETH plötzlich kompetente Fachleute aller Sparten des Plans haben – und auf diesen Mangel weist der dritte, oft gehörte Einwand hin. Aber was spricht dafür, dass wir den Plan an der ETH im Alleingang realisieren? Was spricht dagegen, dass wir uns mit den zahlreichen Fachkollegen der Universität Zürich zu einem gemeinsamen Projekt finden? Ich bin zuversichtlich, dass sich administrativ eine Lösung finden lässt, mit der viele der hochqualifizierten Biologen beider Hochschulen in einem weitgehend gemeinsamen Programm versammelt werden könnten. Ich weiss, dass die Kollegen von der Universität zur Zusammenarbeit bereit sind. Ein solches Programm hätte eine Durchschlagskraft, die der Zürcher Biologie auch im Sektor der Lehre weltweites Ansehen verschaffen könnte.

Schliesslich wird bemängelt, der Plan schränke die Lehrfreiheit der Dozenten ein. Das stimmt. Und das muss auch so sein. Bei dem grossen Überangebot an Stoff kann Grundunterricht rationell nur so erteilt werden, dass die Dozenten sich einem gemeinsam erarbeiteten Drehbuch unterordnen. Die akademische Lehrfreiheit muss sich heute auf das Niveau der Spezialvorlesungen für Fortgeschrittene beschränken.

Ich bin nicht allein verantwortlich für die hier dargelegten Ideen. Ein sehr ähnlicher Studienplan wurde am 12. Mai 1969, von 15 Dozenten der Abteilung für Naturwissenschaften und von Vertretern der Studenten und Assistenten unterzeichnet, dem Präsidenten des Schweizerischen Schulrats auf seinen ausdrücklichen Wunsch überreicht. Ich danke diesen Kollegen für ihre wichtige Vorarbeit. Wir haben den Reformvorschlag unbeeinflusst vom bestehenden Normalstudienplan aus einer neuen Gesamtschau verfasst. Seine Grundzüge möchte ich so zusammenfassen:

1. *Vielseitigkeit als Bildungsziel.*

2. *Geführtes Selbststudium als zusätzliche Lehrmethode.*

3. *Dreiteilung des Studiums in ein solides Grundstudium, ein breites Fachstudium und ein kurzes Spezialstudium mit der Möglichkeit der zusätzlichen Vertiefung nach dem Diplom.*

4. *Polarer Aufbau des Fachstudiums vom Molekül zur Population, geordnet nach Organisationshöhe, nicht nach Organismengruppen.*

Die Detailberatung wird zweifellos in den Einzelheiten Verschiebungen ergeben. Aber ich rufe die Kollegen, Assistenten und Studenten beider Hochschulen auf, an der Verwirklichung des Plans mitzuhelfen und ihn bald in die Tat umzusetzen.

Und dann wird schon die Zeit da sein, ihn sachte zu verändern. Denn der Fluss fliesst.

1.2 Doktor oder doctus[1]?

Wenn es Ihnen gleich ergeht wie mir damals, dann herrscht in Ihrem Zentralnervensystem jetzt ein postexaminales Vakuum, Ihr Reizwahrnehmungsvermögen ist geschwächt. Ihr Gedächtnis scheint Ihnen zu einem guten Teil gelöscht. Sie sind vermindert aufnahmefähig, ganz besonders in bezug auf neue Information wissenschaftlicher Art. Ich möchte diese Situation ausnützen – manche werden sagen: missbrauchen –, um Ihnen einige kritische Engramme ins Unterbewusstsein zu schmuggeln.

Ihr momentaner Geisteszustand mag eingeordnet sein zwischen Gleichgültigkeit und Trance, ist aber immer begleitet von zeitweiliger Verblendung. Sie haben sich doch jetzt lange auf einem steinigen Pfad

---

1 Ansprache an der Promotionsfeier der ETHZ am 9. Juli 1971.

aufwärts befunden, im Grundstudium im Verband mit Kommilitonen und dann zunehmend allein, und haben dann scheinbar zuoberst auf dem Berg Ihres Fachwissens ganz allein einen schlanken Turm gebaut, als neuen Ausguck, sozusagen. Eigentlich hätten Sie es verdient, sich jetzt für eine Weile an die Sonne zu legen. Einige unter Ihnen werden dies auch tun. Andere werden befürchten, der Turm sei doch zu dünn, als dass man sich darauf mit gutem Gewissen an die Sonne legen könnte. Eigentlich sei das gar kein Turm, den Sie da gebaut hätten, sondern eher ein Mast oder eine Antenne. Diese könnten doch im Wind brechen.

Ich hoffe, es habe unter Ihnen Leute dieser zweiten Denkart. Denn ihr Unbehagen möchte ich besonders ausnützen oder missbrauchen für mein subversives Vorhaben. Aber die andern dürfen auch zuhören.

Was heisst denn das, Doktor?

Die Volksmunddeutung des Begriffs kennen Sie, aber ich will sie mit einer Episode illustrieren. Da hatte ein junger Amerikaner eben sein Doktorexamen hinter sich gebracht, ging nach Hause und las ein Buch. Eine ältere Tante betrachtete ihn bei dieser Betätigung und fragte erstaunt: 'What are you reading a book for, now that you have gotten your doctor's degree?'

Für die Tante, als Repräsentantin des Volksmundes, ist der Doktortitel etwas Terminales. Auch andere Ausbildungsgänge betrachtet der Volksmund als beendbar, beendet oder terminal. Diese Ansicht spiegelt sich erwartungsgemäss in der Sprache wider, etwa im Begriff der Lehrabschlussprüfung beim Handwerker oder Kaufmann. Auch dem Begriff Maturität, zu deutsch Reife, haftet etwas Terminales an, es sei denn, man werte ihn präziser durch das Präfix «Hochschul». Das Wort Hochschulreife weist deutlich weiter.

Das Wort Doktor weist auch weiter. Vom Verb «docere» abgeleitet, aber mit der Endsilbe -or versehen, heisst das Wort nicht etwa Gelehrter, wie es oft fälschlich übersetzt wird, sondern Lehrender. Die Endsilbe -or verleiht dem Wort etwas Aktives, Ausführendes, Tätiges. Wäre die Meinung, der Titel solle einen Abschluss bedeuten, dann müsste das Partizip der Vergangenheit verwendet werden: doctus, gelehrt.

Nun kann aber ein Lehrender nur lehren, wenn er auch lernt. Ganz deutlich gespürt haben das die Engländer, als sie den Begriff übernommen und definiert hatten. Doctor heisst im Englischen «a man of great learning». Sie hören hier ein Partizip Präsens (das zudem nicht von «docere» abgeleitet ist, sondern von «discere», lernen).

Wer immer den Begriff des Doktor geprägt hat, muss sehr weitsichtig gewesen sein, denn damals wäre der Unterschied zwischen einem Doktor und einem Doctus gar nicht besonders spürbar gewesen. Sie merken daraus, dass ich der Ansicht bin, dass ein solcher Unterschied heute spürbar sei. Er ist spürbar, und zwar besonders schmerzhaft für die Betroffenen. Aber bleiben wir noch für einen Augenblick beim rein Sprachlichen.

Ein Doctus ist einer, der weiss. Er hat gelernt. Seine Lehrer haben ihm Wissen vermittelt. Im Beruf ist er dadurch befähigt, in zahlreichen Situationen rasch sein Gedächtnis abzugreifen und aufgrund der in ihm gestapelten und durch ihn wiedergefundenen Information richtig zu handeln.

Ein Doktor ist einer, der sich zu helfen weiss. Er hat verstanden. Seine Lehrer haben ihm die Wege gewiesen, auf denen Wissen erlangt wird. Er weiss deshalb, besser als der Doctus, den Härtegrad des Wissens, mit dem er konfrontiert ist, abzuschätzen. Er kennt den Weg, der zu neuem Wissen führt. Er wird auch dann weiter wissen, wenn sich eine Situation bietet, für die das blosse Abgreifen seiner im Gedächtnis gespeicherten Information keine Ergebnisse zeitigt.

Ich habe jetzt eine Karikatur gezeichnet vom Doktor und vom Doctus. Wahrscheinlich gibt es die beiden Extreme selten. Die meisten unter Ihnen sind Mischungen, Paradocti oder Paradoctores. Aber ich würde sagen, die Paradoctores unter Ihnen werden im Beruf mehr Erfolg und vor allem viel mehr Befriedigung erlangen als die Paradocti. Warum erlaube ich mir diese Prognose?

Sie stehen nicht allein auf Ihren spitzen Türmen oder Antennen. Wenn Sie einmal aus der momentanen Verblendung wieder zu sich kommen, werden Sie sofort erkennen, dass noch viele, sehr viele Kommilitonen gar nicht zu weit weg – weder geographisch noch in bezug auf das Arbeitsgebiet – auch auf solchen Antennen schwanken. Für den Bereich der Naturwissenschaften kenne ich die Zahl, wenigstens als Prozentwert aller Naturwissenschafter, die seit Aristoteles je gelebt haben. 95% aller Naturwissenschafter, die seit Aristoteles gelebt haben, leben heute. Viele dieser Wissenschafter sind Doctores oder Paradoctores und steigen als solche immer wieder von ihren Masten hinunter im Bestreben, ihrem Arbeitsgebiet eine solidere, zuverlässigere

Basis zu geben. Durch diese Tätigkeit gefährden sie, wissentlich oder nicht, die Beständigkeit benachbarter Masten, und nicht selten wird dabei ein ganzer Wald gekappt. In der Biologie erscheinen monatlich über 12 000 Fachartikel in der Literatur. Darunter gibt es immer welche, die das gültige Wissen erweitern, andere, die noch gestern gültiges Wissen heute ungültig erscheinen lassen.

Liebe Kommilitonen, das eine oder andere Ergebnis Ihrer Doktorarbeit mag heute bereits überholt oder als falsch erkannt sein. Das braucht nicht schlimm zu sein für Ihre Karriere – besonders wenn Sie sich mit gutem Gewissen zu den Paradoctores zählen oder sogar Doctores sind; dann haben Sie ja die Fähigkeit, dauernd mit neuen Fragestellungen aufzuwarten, dem neuen Erkenntnisstand angepasste Versuchsanordnungen zu erdenken und kritisch nach rechts und links, oben und unten blickend, stärkere Türme zu bauen. Denn Sie kennen die Wege zur Erkenntnis. Falls Sie anderseits ein Paradoctus oder gar ein Doctus sind, dann ist die Situation weniger glücklich. Ihr erlerntes Wissen wird allmählich erodiert und zerfällt mit einer Halbwertszeit, die für die einzelnen Disziplinen recht gut bekannt ist. In der Biologie beträgt sie, was jeweils neues Wissen betrifft, um die 5 Jahre.

Damit habe ich die zweite Karikatur gezeichnet. Eine Karikatur übertreibt jene Merkmale, die dem Zeichner wesentlich erscheinen. Die Merkmale müssen aber vorhanden sein. Die Merkmale, die ich betonen wollte, sind folgende:

1. *Es gibt heute mehr Wissenschafter als je zuvor.*
2. *Die Rate der Wissenszunahme ist heute grösser denn je.*
3. *Die Gültigkeitsdauer ist für viele Erkenntnisse heute kürzer denn je.*

Wenn wir von diesen Merkmalen ausgehen, sind zwei Schlussfolgerungen zwingend:

1. *Es ist heute sinnloser denn je, eine Ausbildung auf die blosse Akkumulation von Fachwissen auszurichten.*
2. *Es ist heute nötiger denn je, eine Ausbildung darauf auszurichten, Einblick in den Werdegang neuer Erkenntnisse zu vermitteln.*

Ein Unerfahrener würde einen dritten Schluss ziehen, nämlich, es sei heute überhaupt unnötig, Fachwissen zu vermitteln. Es genüge, den Werdegang der Erkenntnisse aufzudecken.

Nach meiner Auffassung ist dieser dritte Schluss des Unerfahrenen nicht nur nicht zwingend, sondern falsch. Wenn wir die Ausbildung praktisch so durchführen, dass wir uns ausschliesslich auf Lektüre und Diskussion der jüngsten Erkenntnisse beschränken, dann würden in der Folge die Masten und Antennen der Doktorarbeiten auf einem Nebelmeer errichtet, das die solide Landschaft, unten, verbirgt. Der Ortsunkundige könnte sich in dieser Situation auf die Dauer nicht wohlfühlen. Denn es gibt in jedem Wissensgebiet eine solide Basis, die nur mit einer ausserordentlich langen Halbwertszeit zerfällt. Wir müssen diese Basis kennen, nicht zuletzt deshalb, damit wir sie von unseren neuen Erkenntnissen her ständig wieder neu erproben können. Und nicht zuletzt deshalb, weil sie unsere eigene Arbeit in die richtige Perspektive rückt.

Die gute Schule von heute sieht sich also vor der schwierigen Aufgabe, sowohl Basiswissen als auch Kenntnis des wissenschaftlichen Arbeitswegs zu vermitteln. Ein vernünftiges Verhältnis zwischen Stofflehren und Problemlehren muss gefunden werden. Das Verhältnis wird sich immer mehr zugunsten des Problemlehrens verschieben müssen, wird aber nie auf das Stofflehren verzichten können.

Ich weiss nicht, ob die ETH an Ihnen, liebe Kommilitonen, diese Aufgabe erfolgreich erfüllt hat. Ich weiss aber, dass Sie selbst die Antwort kennen werden, wenn auch erst in ein paar Jahren. An Ihrem Erfolg wird es sich zeigen, ob Ihre Ausbildung der Zielsetzung einer zeitgemässen akademischen Ausbildung gerecht geworden ist. Sie sind ein ausserordentlich wertvolles Versuchsgut, das wir nach Möglichkeit auswerten sollten. Die Hochschule kann durch Ihre Mitsprache – und nicht durch die Mitsprache der Studenten, die ins erste Semester eintreten – erfahren, ob sie richtig oder falsch ausgebildet hat. Ich rufe Sie auf, Ihrer Alma mater diesen Dienst der Rückkoppelung von Erfahrung nicht zu versagen. Melden Sie der Schule Ihre Eindrücke in ein paar Jahren. Die Schule kann daraus immer bessere Wege für die Ausbildung von Doktoren finden. Ich vermute, unsere Gesellschaft wird immer Doktoren brauchen. Sie wird *Doktoren* brauchen.

1.3   Biologieschule Zürich[1]

Die Biologie hat vor etwa 10 Jahren durch die Erkenntnis der
genetischen Steuerung der Proteinsynthese einen gewaltigen Impuls
erhalten, der sich bald auf alle ihre Zweiggebiete auszuwirken begann.
Die sogenannte *Neue Biologie* hat eine grosse Anzahl Anhänger gefunden, die sich im Kredo einig sind, dass alle Lebensvorgänge komplizierte Netzwerke grosser Zahlen an sich einfacher physikalischer und
chemischer Vorgänge darstellen. Vor allem die zahlreichen Wissenschafter, die den Anfang der Neuen Biologie im Laboratorium selbst
miterlebt haben, übertrugen ihren Enthusiasmus auf die nächsten
Studentengenerationen. Provokative, kurze Lehrbücher für Anfänger
sind erschienen, die das Interesse für die Neue Biologie in weiteren
Kreisen geweckt haben. Die Regierungen verschiedener Länder haben
biologische Forschungs- und Unterrichtsprogramme mit hoher Priorität
gefördert. Weil das Arsenal der Methoden der Neuen Biologie weitgehend aus dem Bereich der Physik und Chemie stammt, sind zudem viele
Chemiker und Physiker auf allen möglichen Stufen ihrer Ausbildung in
das Gebiet der Biologie umgestiegen. Das alles hat dazu geführt, dass
die *Zahl der Biologiestudenten und Biologen in den letzten 10 Jahren
überdurchschnittlich rasch angestiegen ist.*
    Fast wichtiger noch als diese quantitativen Folgen des Impulses
von 1961 sind seine *qualitativen Konsequenzen.* Forschungslaboratorien
der Neuen Biologie unterscheiden sich in ihrer apparativen Ausrüstung
kaum mehr von chemischen oder physikalischen Laboratorien, ja sie
sind in vielen Beziehungen anspruchsvoller an die Installationsdichte als
diese. Denn zu Ultrazentrifugen, Spektralphotometern, Szintillations-
zählern, Fraktionensammlern, pH-Staten, Aminosäurenanalysatoren
und andern Geräten des physikalischen und chemischen Bereichs
gesellen sich Klimakammern, Kältelaboratorien, Elektronenmikrosko-
pe, Tierställe, Sterilisationsanlagen. Die qualitativen Folgen des Impul-
ses erfassen natürlich auch den Unterricht. Eine Hochschule, die
Biologen zeitgerecht ausbilden will, muss sie nicht nur in die neue
Denkweise einführen, sondern die Studenten auch mit dem Arsenal der
neuen Forschungsmethoden vertraut machen. Wenn jetzt schon unsere

---

1 Kurzreferat vor der Regionalgruppe Zürich der Schweizerischen Vereinigung
Junger Wissenschafter am 27. Januar 1972.

Maturanden auf dem Gebiet der Mathematik im Umgang mit Computern geschult werden, so wird bald der Biologiestudent im Anfängerpraktikum Elektronenmikroskopie betreiben.

Die Neue Biologie hat eine weitere Konsequenz, die mir persönlich als die wichtigste erscheint: *Sie hat die Grenzen der klassischen biologischen Disziplinen verwischt* und ist hochgradig interdisziplinär geworden. Früher, als die unbedingt notwendige Bestandesaufnahme der Organismen im Vordergrund des Interesses stand, war die Biologie folgerichtig nach Organismengruppen aufgeschlüsselt, in Disziplinen wie Zoologie, Botanik, Anthropologie. Heute rückt mehr und mehr das Interesse an grundlegenden Eigenschaften des Lebens in den Vordergrund, und die Wissenschafter ordnen das Untersuchungsobjekt der Fragestellung unter. So ist es gar nicht erstaunlich, dass z. B. ein Ordinarius für Botanik an Riesenchromosomen von Insekten arbeitet; der Betreffende hat sich zum Ziel gesetzt, die Lokalisation von Erbfaktoren mittels In-situ-Nukleinsäurehybridisierung mit anschliessender Autoradiographie anzugehen, und dabei den Organismus ausgewählt, der sich für die Beantwortung dieser Frage hervorragend eignet durch die tausendfache laterale Redundanz seiner Desoxyribonukleinsäure, eben Insekten. Es gibt zahlreiche Parallelbeispiele dieser Art.

Darf ich diese Präambel zusammenfassen.: *1. Die Biologie in einer Phase ausserordentlich aktiven Wachstums. 2. Die Methoden der Biologie haben sich derart verändert, dass diese Wissenschaft räumlich und apparativ aufwendig geworden ist. 3. Die Fragestellungen innerhalb der Biologie haben sich so umgruppiert, dass in weiten Bereichen der Biologie die klassische «ordre de bataille» (Zoologie, Botanik usw.) nicht mehr sinnvoll ist.*

Nun zum speziellen Fall der Biologie in Zürich. Es gibt an beiden Hochschulen eine erhebliche Anzahl von Instituten im Bereich der Biologie. An der Universität gehören diese Institute organisatorisch der Philosophischen Fakultät II und der Medizinischen Fakultät an, an der ETH stehen sie thematisch der Abteilung für Naturwissenschaften und den Abteilungen für Landwirtschaft und Forstwirtschaft nahe. Ich möchte drei Charakteristika der Situation in Zürich hervorheben. Das erste Merkmal ist eine auffällige Dezentralisierung der Institute, die Erfahrungsaustausch und wissenschaftliche Zusammenarbeit erschweren kann. Das zweite Merkmal ist die Redundanz der Institute: Es gibt an der Universität zwei Botanische Institute, an der ETH drei. Es gibt an der ETH und an der Universität je ein Zoologisches Institut, an der

ETH zudem ein Entomologisches. Es gibt an der Universität und an der ETH je ein Institut für Biochemie und zudem an beiden Hochschulen eine ganze Anzahl von Instituten, die sich von der Fragestellung her und auch durch ihre apparative Ausrüstung und Personaldotation als biochemische Institute bezeichnen liessen. Das dritte Merkmal, im ersten und zweiten inhärent, ist die Bezeichnung dieser Institute, die weitgehend nach dem alten Muster entstanden ist.

Sie wissen, dass beide Zürcher Hochschulen in naher Zukunft ausgedehnte Bauvorhaben realisieren werden. Das aussergewöhnliche Wachstum der biologischen Wissenschaften lässt mit Sicherheit voraussagen, dass ein erheblicher Anteil der neuen Bauten von Biologen beansprucht werden wird. Meines Erachtens ist es nötig, dass bei der Planung der Zürcher Biologie die drei Merkmale mit hoher Priorität berücksichtigt werden: *Ist die räumliche Zersplitterung sinnvoll? Ist die Redundanz sinnvoll? Ist die herkömmliche Bezeichnung sinnvoll?* Ich hoffe, dass die Planer beider Hochschulen heute diese Fragen im Auge behalten. Ich bin nicht überzeugt, dass die Fragen in genügend hohem Masse berücksichtigt wurden, als der heute vorliegende Richtplan der Strickhofüberbauung entworfen wurde. Ich weiss nicht, ob die Frage der Redundanz der Biologieinstitute beider Hochschulen studiert wurde. Die Frage der Zersplitterung wurde zum grossen Teil gelöst durch gemeinsamen Standort von Medizin und Biologie auf dem Strickhof, wenn auch mit einer äusserst unschönen Ausnahme, der Aussiedelung sowohl der Allgemeinen als auch der Systematischen Botanik. Die Bezeichnung nach konventionellen Kriterien wurde beibehalten: Es gibt im Richtplan der Biologie auf dem Strickhof Allgemeine Zoologie, Spezielle und Systematische Zoologie, Paläontologie und Anthropologie.

Für die ETH liegen meines Wissens noch nicht ähnlich detaillierte Richtpläne vor. Es besteht dagegen unter den Dozenten ein Meinungstrend, dass die biologischen Institute der ETH räumlich enger mit den Instituten der Landwirtschaft und Forstwirtschaft gruppiert werden sollen, als das jetzt der Fall ist. Die Dozenten des Instituts für Allgemeine Botanik und des Instituts für Zoologie sind zudem übereingekommen, diese beiden Institute in naher Zukunft administrativ zu einem einzigen Biologieinstitut zu verschmelzen.

Einzelne Dozenten beider Hochschulen vertreten sogar die Meinung – und damit kommen wir zum Kernproblem des heutigen Gesprächs –, *dass die Biologielaboratorien beider Hochschulen sich zu einer einzigen Biologieschule vereinigen sollen.* Ich möchte jetzt kurz einige Thesen formulieren, die bei der Planung einer solchen Schule mit berücksichtigt werden sollten.

1. *Räumliche Kontiguität von Instituten verwandter Arbeitsrichtungen wirkt sich auf Qualität und Quantität von Forschungsergebnissen und Unterrichtsbemühungen günstig aus.* Begründung: Die Neue Biologie ist in Denkweise und Methodik so vielschichtig geworden, dass interdisziplinäre Zusammenarbeit in vielen Fällen Erfolge erwarten lässt. Der enorme Anfall neuer Information kann im täglichen Kontakt zwischen Wissenschaftern verwandter Fachrichtungen besser gemeistert werden.

2. *Die räumliche Kontiguität von Instituten ähnlicher Fachrichtung ist betriebswirtschaftlich sinnvoll.* Begründung: Die Ansprüche der Neuen Biologie an Serviceleistungen wie Werkstätten, Einkaufwesen, Apparatepark, Tierställe, Klimakammern, Medienküchen sind derart gross, dass es wirtschaftlich ganz einfach nicht tragbar sein wird, dass jedes Laboratorium seine eigene Infrastruktur aufbaut, die dann oft nur ungenügend ausgelastet ist. Das trifft in hohem Masse zu für die Bibliothek. Die Biologen von heute müssen ein ganz erheblich grösseres Spektrum von Fachzeitschriften lesen als die Zoologen und Botaniker von gestern. Eine integrierte biologische Arbeitsbibliothek ist aber nur dann funktionell, wenn sie täglich ohne grossen Zeitaufwand vom Laboratorium zu Fuss erreicht werden kann.

3. *Räumliche Kontiguität von Unterricht und Forschung sind im fortgeschrittenen Unterricht unerlässlich, im propädeutischen Unterricht anzustreben.* Begründung: Die Biologieausbildung muss mehr und mehr darauf ausgerichtet sein, dem Studenten Erkenntniswege statt reines Fachwissen zu vermitteln. Das geschieht am besten im intimen Kontakt mit der Forschung selbst.

4. *Die administrative Gruppierung biologischer Laboratorien soll im allgemeinen nicht nach Organismengruppen, sondern nach dem Prinzip der Organisationshöhe erfolgen.* Begründung: Die Neue Biologie betont in Unterricht und Forschung das allgemein Biologische und ordnet die Versuchsobjekte der Fragestellung unter. Denkweise, Vokabular und Ansprüche an die Infrastruktur haben in der Organisationshöhe einen wichtigen gemeinsamen Nenner: für Biochemiker, Molekularbiologen, Genetiker, Zellbiologen, Physiologen, Entwicklungsbiologen stehen Moleküle und Zellen im Vordergrund des Interesses; für Systematiker, Taxonomen, Ethologen und Umweltbiologen stehen Organismen im Zentrum des Interesses.

Aufgrund dieser Thesen möchte ich jetzt abschliessend ein Ideal-
bild der Biologieschule Zürich der Zukunft skizzieren. Ich sehe zwei
Hauptaufgaben einer solchen Schule: Einmal soll sie Unterricht und
Forschung in Biologie betreiben, und dann soll sie als Serviceleistung
Biologieunterricht für Studenten der Medizin, der Landwirtschaft, der
Forstwirtschaft, für Lehramtskandidaten und für Nichtbiologen ertei-
len. Ich würde es organisatorisch für zweckmässig halten, wenn diese
Biologieschule in eine Anzahl Departemente gegliedert würde, mit
Standort Hönggerberg oder Strickhof. Jedes dieser Departemente sollte
in Arbeitsgruppen gegliedert sein, die sich in wissenschaftlicher Fragestellung und Ansprüchen an die Infrastruktur ähnlich sind. Über Grösse
und Organisation der Departemente liegt umfangreiches Erfahrungs-
material aus dem Ausland vor, das bei der Planung sorgfältig mit
berücksichtigt werden muss. *Dabei müssen in allererster Linie die jungen
Wissenschafter zu Worte kommen, die besser als ihre älteren Fachkollegen
die Bedürfnisse der Biologie der Gegenwart und der nahen Zukunft
kennen* und die ja auch nach der Realisierung der Bauvorhaben bereits
die Spitze unserer Biologie bilden werden.

Das skizzierte Projekt würde sehr einschneidende Veränderungen
nach sich ziehen. Wer übernimmt die Führung: der Kanton, der Bund
oder beide zusammen? Sind die Dozenten überhaupt bereit, neue
Briefköpfe zu verwenden, alte Bindungen an Institute zu lösen und neue
einzugehen mit neuen Fachkollegen? Was ist die Aufgabe der biologisch orientierten Annexanstalten in diesem neuen Gesamtkonzept,
etwa der Eidg. Anstalt für Wasserversorgung, Abwasserreinigung und
Gewässerschutz? Sollte man sie vielleicht zum Kristallisationskern der
gesamten Umweltbiologie machen, die damit geographisch von der
Biologieschule isoliert wäre? Wieweit präjudizieren fortgeschrittene
Bauvorhaben die Realisierung des Projekts? Ist. z.B. die Aussiedelung
der Allgemeinen Botanik der Universität wirklich irreversibel, oder
wäre es nicht denkbar, dass sie in der Biologieschule integriert wird und
dass im Abtausch die Institute für Systematische Botanik beider Hochschulen samt ihren Herbarien auf dem Gelände des neuen Botanischen
Gartens der Universität angesiedelt würden?

Ich kenne die Antworten auf diese Fragen nicht. Ich halte aber
dafür, dass es unerlässlich ist, jetzt mit aller Kraft an das Studium dieses
Fragenkomplexes heranzutreten. Dabei sollten wir uns so lang wie
möglich von einem Idealbild leiten und nicht von Gegebenheiten
einschränken lassen. Wir dürfen nicht für die nächsten 5, 10 oder 20

Jahre planen wollen, sondern müssen für eine neue Epoche der Biologie in Zürich planen.

1.4   Gen-Enzym-Systeme in der tierischen Entwicklung[1]

Organismen bestehen aus einer sehr grossen Zahl sehr verschiedener Zelltypen. Das Verschiedenwerden der Zellen während der Entwicklung und ihr Verschiedensein im erwachsenen Zustand des Tieres oder der Pflanze nennt man in der Entwicklungsbiologie *Zelldifferenzierung*. Historisch gesehen ist Zelldifferenzierung zuerst morphologisch beschrieben worden, dann auf der Ebene von Metaboliten chemisch und dann immer mehr auf dem Niveau der Makromoleküle. Quantitative Bestimmung der Nukleinsäuren hat ergeben, dass die Desoxyribonukleinsäure (DNS)-Menge des Zellkerns während der Entwicklung von Organismen recht konstant bleibt und auch in verschiedenen Zelltypen annähernd identisch ist. Das ist weniger der Fall für die Ribonukleinsäure (RNS) und schon gar nicht für Proteine.

In den Jahren kurz nach dem Zweiten Weltkrieg hat die Ein-Gen-Ein-Enzym-Hypothese von Beadle und Tatum der modernen Entwicklungsbiologie einen gewaltigen Impuls gegeben. Sie führte zum *Konzept der differentiellen Genfunktion*, das besagt, dass die verschiedenen Zelltypen eines Organismus zwar genetisch identisch sind, dass in ihnen aber unterschiedliche Anteile des gesamten genetischen Materials für die Proteinsynthese abgelesen werden. Nach dieser Theorie ist der Informationsgehalt in Form von Nukleotidsequenzen (Watson und Crick) in allen Zellen identisch und vollständig, wird aber durch irgendwelche Regulationsmechanismen (Jacob und Monod) zellspezifisch selektiv für die Proteinsynthese verwertet.

Vor diesem Hintergrund sollten die Experimente gesehen werden, die wir im Laufe der letzten 12 Jahre zum Problem der Zelldifferenzierung durchgeführt haben, 1961–1969 an der Johns Hopkins University in Baltimore, 1969–1973 an der ETH in Zürich.

Ich möchte beginnen mit dem Befund der zellspezifischen und entwicklungsspezifischen Isozymmuster der Lactatdehydrogenase

---

1 Hauptreferat an der Herbsttagung 1973, veranstaltet von den Biochemischen Gesellschaften der BRD, Österreichs und der Schweiz, gehalten am 2. Oktober 1973 in Innsbruck.

(LDH) während der Entwicklung der Maus (1961/62). Wir stellten damals in Elektropherogrammen von Rohhomogenaten verschiedener Gewebe fest, dass die fünf Formen der LDH (Isozyme) in verschiedenen Geweben und auf verschiedenen Entwicklungsstadien in unterschiedlichen Mengen vorhanden sind. Das System ist genetisch nicht so kompliziert, wie es auf den ersten Blick erscheint; es liegen ihm nicht etwa fünf verschiedene Strukturgene zugrunde. Dissoziiert man nämlich intakte LDH in vitro, so erhält man nur zwei unterschiedliche Polypeptide, A und B; diese bilden sowohl in vitro als auch in vivo durch Kollision die fünf möglichen Tetramere, welche sich in ihrer elektrischen Ladung unterscheiden und deshalb analytisch wie auch präparativ leicht dargestellt werden können.

Auf diese Situation übertragen, würde die Ein-Gen-Ein-Enzym-Hypothese zur Ein-Gen-Ein-Polypeptid-Hypothese führen, und man wäre sofort versucht anzunehmen, dass die beiden Gene «A» und «B» in verschiedenen Zellen der Maus in verschiedenen Stadien der Entwicklung verschieden aktiv seien. Als wir dieses Phänomen als Ausgangspunkt für eine vertiefte Studie der Frage der differentiellen Genfunktion verwenden wollten, stiessen wir auf eine Reihe von Schwierigkeiten. Einmal sagt die blosse Beobachtung zellspezifisch verschiedener Konzentrationen eines Eiweisses noch nichts aus über zugrundeliegende Regulationsmechanismen. Insbesondere kann die blosse Beobachtung der Konzentrationsunterschiede die Frage nicht beantworten, ob den Unterschieden verschiedene Syntheseraten zugrunde liegen; direkt werden ja bei unseren Untersuchungen spezifische Aktivitäten, nicht aber Synthesen gemessen.

Liegen der Tatsache der unterschiedlichen Enzymkonzentration (auch) unterschiedliche Syntheseraten zugrunde? Mit dem Ziel, einen Beitrag zur Lösung dieser Frage zu leisten, wandten wir uns einem einfacheren System, nämlich jenem der Xanthindehydrogenase (XDH) des Hühnchens, zu (1966ff.). Die spezifische Aktivität dieses Enzyms nimmt um die Zeit des Schlüpfens des Hühnchens aus dem Ei in der Leber sprunghaft zu, was übrigens für viele Leberenzyme typisch ist. Wir stellten uns zunächst die Vorfrage, ob die Zunahme auf einer Erhöhung der Zahl enzymatisch an sich gleich aktiver Moleküle beruhe oder ob wir es mit einem blossen Aktivierungsvorgang einer konstanten Zahl von Molekülen zu tun hätten. Mischungsversuche von Extrakten verschiedener Stadien schlossen die zweite Möglichkeit weitgehend aus, und wir entwickelten nun Versuchsanordnungen, die uns die Titration von Xanthindehydrogenase-Molekülen erlauben. Das Enzym wurde gereinigt bis zur Homogenität auf Acrylamidgelen, in Kaninchen injiziert, und dadurch wurden Anti-XDH-Antikörper erzeugt. Die Antikörper, aus dem Serum der Kaninchen gewonnen, versetzten uns in die Lage, das Enzymprotein durch quantitative Immunpräzipitation zu titrieren. Diese Methode war in andern Laboratorien an andern Proteinen entwickelt worden und liess sich auf unser Problem leicht übertragen. Als wir nun Extrakte verschiedener Entwicklungsstadien in einem solchen Immuntitrationsansatz untersuchten, so zeigte sich, dass die Äquivalenzkurven der Leberextrakte dreier Entwicklungsstadien, die sich in der spezifischen Aktivität sehr stark unterscheiden, identisch verlaufen. Das bedeutet, dass in diesen Stadien tatsächlich verschiedene Zahlen immunologisch und enzymatisch gleich reaktiver Moleküle vorliegen. Mit dieser Erkenntnis waren wir somit vorbereitet, auch die eigentliche Synthese der XDH-Moleküle zu verfolgen. Wir injizierten in verschiedenen Entwicklungsstadien radioaktiv markierte Aminosäuren, fällten darauf in bestimmten Intervallen die Xanthindehydrogenase-Moleküle durch selektive Immunpräzipitation aus Leberextrakten und bestimmten ihre spezifische Radioaktivität. Solche Versuche kann man sowohl im «pulse»- als auch im «pulse-chase»-Ansatz verfolgen. Die Ergebnisse solcher Radiomarkierexperimente fielen sehr unterschiedlich aus, je nach dem Entwicklungsstadium, auf dem sie durchgeführt wurden. In Frühstadien sahen wir kaum einen Unterschied zwischen der «pulse»- und der «pulse-chase»-Situation in bezug auf die spezifische Radioaktivität der Xanthindehydrogenase-Moleküle. Auf späteren Stadien stellten wir hingegen fest, dass nach einer «chase»-Periode nur etwa die Hälfte der Radioaktivität in Xanthindehydrogenase bleibt, die in der «pulse»-Phase eingebaut wurde. Das bedeutet, dass XDH-Moleküle im Laufe der Entwicklung mit steigender Syntheserate hergestellt werden. Gleichzeitig bedeutet es aber, dass dann ein Prozess einsetzt, der vielleicht für das Einstellen der Plateaukonzentration verantwortlich oder mitverantwortlich ist.

Die Interpretation der blossen Beobachtung von spezifischen Enzymaktivitäten, wie wir sie 1961 betrieben, ist mit einer zweiten Schwierigkeit behaftet. Die Beobachtung sagt nämlich nichts aus zur Frage, ob die zugrundeliegenden – postulierten oder dokumentierten – Synthesen in der beobachteten Zelle vor sich gehen oder ob vielleicht Proteine von irgendwoher in die Zelle importiert wurden; das würde natürlich bedeuten, dass unterschiedliche Konzentrationen ihre Ursachen im unterschiedlichen Transport hätten. Im Falle einfacher Zellkulturen kann man diese Fragen sehr schön durch den Ansatz der Zellkultur prüfen. Im Falle komplizierterer Organsysteme ist es uns gelungen, die Frage in verschiedenen Zellen durch In-vivo-Organkulturen anzugehen (1968 ff.). Nehmen wir als Beispiel den Verlauf der Alkoholdehydrogenase-Konzentration (ADH) während der Entwicklung der Taufliege *Drosophila*. Die sogenannten Imaginalscheiben, d. h. die larvalen Vorläufer adulter Organe, enthalten keine ADH, aber in adulten Derivaten dieser Vorläufergewebe findet man dieses Enzym. Die Frage stellt sich, ob die Zellen der Imaginalscheiben im Verlauf ihrer Differenzierung zur Adultform das Enzym selbsttätig synthetisieren oder aus der Umgebung aufnehmen. Während meiner Dissertation hatte ich mich vertieft mit der mikrochirurgischen Verpflanzung von Insektengeweben befasst, und es war nun technisch einfach, jene älteren Verfahren zur Beantwortung der neuen Frage in genetischer und biochemischer Richtung auszubauen. Neben dem Wildtyp verwendeten wir eine sogenannte «ADH-Null-Mutante». Fliegen dieses Genotyps enthalten während ihres Lebens nie ADH, als Folge einer Mutation, welche die genetische Information für die Bildung des funktionellen Enzyms eliminiert hat. Wir sezierten Imaginalscheiben aus Larven des Wildtyps – die also vom Genotyp her die Fähigkeit zur Synthese von ADH haben – und verpflanzten sie in die Leibeshöhle von Larven der Null-Mutante. Dort wuchsen die implantierten Gewebe heran, und während der Puppenruhe ihres Wirtsorganismus durchliefen sie den Differenzierungsprozess. Nachdem die Fliegen aus dem Puparium geschlüpft waren, konnten wir die fremden Implantate aus den Leibeshöhlen frei präparieren und experimentell bestimmen, ob die Implantate (genetisch vom Wildtyp) ADH enthalten oder nicht. Sie enthielten ADH. In bezug auf unsere Fragestellung heisst dieser Befund, dass die Zellen des Implantats das Enzym selbst synthetisiert haben; vom Wirtsorganismus hätten sie es nicht importieren können, weil diesem die für die Enzymsynthese nötige genetische Information fehlt.

Wenden wir uns jetzt der Frage der *Regulation* der Enzymsynthese zu. Diese Regulation könnte u. a. anlässlich der Transkription der genetischen Information von der DNS auf die RNS erfolgen. Zu dieser Möglichkeit kann sich natürlich der Ansatz der Messung verschiedener Enzymkonzentrationen oder Enzymsynthesen nicht äussern. Man müsste in der Lage sein, die Transkriptionsrate bekannter Gene, deren Informationsgehalt direkt mit einer Aminosäurensequenz korreliert, zu messen. Bis vor wenigen Jahren war man sehr weit von diesem Ziel entfernt, und es ist auch erst vor relativ kurzer Zeit möglich geworden, individuelle messenger-RNS-Moleküle zu isolieren und im Translationsansatz auf ihren Informationsgehalt zu untersuchen. Schon vor dieser Möglichkeit sind aber Ergebnisse erzielt worden, die zu diesen Fragen Stellung nehmen können, wenn auch mit relativ kleinem Auflösungsvermögen, und zwar durch Nukleinsäurehybridisierung, angewendet auf das Problem der differentiellen Transkription. Eine komplementäre RNS wird ja den entsprechenden DNS-Strang in einem molekularen Hybridisierungsansatz erkennen. Wenn man neusynthetisierte radioaktive RNS and DNS hybridisiert in der Gegenwart sehr hoher Mengen nicht radioaktiver RNS aus dem gleichen Gewebe oder aus andern Geweben, so kann man Aussagen machen über das Ausmass der Homologie der Transkriptionsprodukte der verschiedenen Gewebe. Wir adaptierten 1965 Methoden aus andern Laboratorien für die Analyse der RNS, die durch isolierte Zellkerne des Kälber-Thymus hergestellt wird, und den Vergleich dieser RNS mit andern Geweben des Kalbes. Wir haben dabei festgestellt, dass ein grosser Teil des Genoms des Kalbes in verschiedenen Zelltypen in unterschiedlichem Ausmass transkribiert wird. Diese Unterschiede blieben sogar erhalten, als wir aus den Zellkernen Chromosomen in Form von sogenanntem Chromatin isolierten und dieses Chromatin als Matrize für die Transkription verwendeten. Chromatin aus Thymus «weiss» also, wenn man das so ausdrücken darf, dass es aus dem Thymus stammt – es transkribiert noch in vitro die entsprechenden Nukleotidsequenzen. Es liegt auf der Hand, dass sich diese Versuchsanordnung hervorragend dazu eignet, Einblick zu vermitteln in die Natur der Moleküle, die für das differentielle Ablesen der Information verantwortlich sind. Die weitere Erforschung der Regulation der Transkription wird sich denn auch höchstwahrscheinlich in dieser Richtung bewegen.

Biologen, die aus Tradition gewohnt sind, Lebensvorgänge *von Auge* zu beobachten, betrachten solche Ergebnisse allerdings mit gemischten Gefühlen. Sie würden es vorziehen, auch Transkriptionsaktivität im Mikroskop von Auge beobachten zu können. Auch dieses Ziel ist in greifbare Nähe gerückt! Man weiss seit vielen Jahren, dass in besonders günstig gelagerten Fällen die lineare Anordnung von Genen mikroskopisch sichtbar ist, und zwar in Form der sogenannten Querbanden der Riesenchromosomen von Zweiflüglern. Untersuchungen aus dem letzten Jahr legen den Schluss nahe, dass eine 1:1-Relation besteht zwischen Querbande und funktioneller Einheit im Sinne genetischer Komplementationsgruppen. Es ist auch bereits gelungen, in Autoradiogrammen Genorte durch In-situ-Nukleinsäurehybridisierung sichtbar zu machen. Bestens bekannt ist daneben natürlich die klassische Prozedur der Chromosomenkartierung, die man seit einigen Jahren auch auf den Fall von Enzymloci anwenden kann; in unserem Laboratorium laufen solche Untersuchungen seit 1963. Wenn immer ein Enzym bei *Drosophila* in genetisch kontrollierten verschiedenen Formen vorliegt – seien das elektrophoretische Varianten oder Null-Varianten –, kann durch einfache Mendelsche Kreuzungsanalyse der korrelierende Genort bestimmt werden. Das sei hier für das Enzym ADH kurz beschrieben. Wir kennen dieses Enzym recht genau. Aus Fliegen, die wir in grossen Zuchtkäfigen massenhaft produzierten und mit einem sauberen Staubsauger aus dem Fluge einsammelten, konnten wir ADH isolieren und charakterisieren. Es fällt als Serie von drei elektrophoretisch trennbaren Formen an. Nun hatten wir das Glück, im Verlauf einer grossangelegten Suche nach Mutanten zwei elektrophoretische Varianten zu finden. Wenn man Fliegen der beiden Formen kreuzt, so erhält man eine Nachkommengeneration, die sich neben dem Gehalt der Parentalenzyme durch den Gehalt echter Hybridmoleküle auszeichnet. Tatsächlich handelt es sich dabei um echte Hybridmoleküle; blosse Mischversuche (statt Kreuzungsversuche) ergeben nämlich rein additive Elektropherogramme, in denen die Hybridmoleküle fehlen. Die Existenz der Hybridmoleküle ermöglicht die genetische Analyse, die im allgemeinen in zwei Schritten erfolgt: Im ersten Schritt wird entschieden, welchem Chromosom sich das Phän zuordnen lässt, im zweiten wird dann in einem klassischen Dreipunktversuch der genaue Enzymlocus bestimmt. Auf diese Art sind in den letzten Jahren die Loci von über 30 Enzymen kartiert worden.

Diese Erkenntnisse sind für unsere Fragestellung besonders deshalb wichtig, weil sie erlauben werden, die Loci der Mendelschen Genkarte von *Drosophila* ins Querbandenmuster der Riesenchromosomen zu übertragen. Damit wäre nämlich die Möglichkeit gegeben, die lokale Transkriptionstätigkeit des Genoms etwa einer Speicheldrüsenzelle autoradiographisch direkt im Mikroskop abzulesen und mit jener eines andern Zelltyps zu vergleichen, der ebenfalls über Riesenchromosomen verfügt. Mehr noch: es besteht Hoffnung, dass diese Versuchsanordnung als Ansatz für den Nachweis regulierender Substanzen dienen kann. Eine solche Versuchsanordnung sähe etwa wie folgt aus: Wir

gehen davon aus, dass Speicheldrüsenzellen von *Drosophila* (Wildtyp)
keine ADH synthetisieren. Wir nehmen aber als selbstverständlich an,
dass die Chromosomen das ADH-Gen enthalten. Der Grund, weshalb
Transkription hier nicht erfolgt, wäre gemäss unserer Arbeitshypothese
darin zu suchen, dass dieses Gen im Speicheldrüsenchromosom repri-
miert ist. In einem andern Zelltyp – der sich durch ADH-Synthese
auszeichnet – sei der Locus dereprimiert, und zwar durch ein Signal,
welches im Zytoplasma vorkommt und die Aktivität des Kerns steuert.
(Es gibt eine grosse Fülle embryologischer Befunde, die für das Existieren solcher Zytoplasma-Kern-Interaktionen sprechen.) Falls es uns nun
gelingt, eine ADH-aktive Zelle mit einer Speicheldrüsenzelle zu fusio-
nieren, dann müsste dieses Signal nach der Diffusion in die Empfänger-
zelle deren Chromosomen dereprimieren, was sich dann im Verband
der beiden fusionierten Zellen durch Synthese hybrider ADH-Moleküle
äussern müsste, falls wir die elektrophoretisch richtig gelagerten Partner
wählen. Wenn wir das Experiment noch einen Schritt weiterführen und
den Kernen eine radioaktive RNS-Vorstufe anbieten, dann könnten wir
autoradiographisch prüfen, ob der ADH-Locus im Speicheldrüsen-
Genom transkribiert wird. Wir brauchten also in diesem Fall die
messenger-RNS nicht präparativ zu fassen und zu charakterisieren,
sondern könnten uns die lineare Auflösung der Genabfolge auf den
Riesenchromosomen zum Vorteil machen für das Erkennen der Locus-
spezifität des Transkriptionsvorgangs.

Voraussetzung für das Gelingen des Experiments ist umfassende
Kenntnis von Genkarten; diese Kenntnis haben wir zum Teil, und die
Wege für die Komplettierung dieses Wissens sind offen. Voraussetzung
ist weiter molekulare Kenntnis einer grossen Zahl von Enzymen aus
bekannten Gen-Enzym-Systemen; diese Voraussetzung ist ebenfalls
weitgehend erfüllt. Und weiter müsste es gelingen, bei Insektenzellen
Zellfusionen zu erwirken. Das ist im Falle der Speicheldrüsenzellen bis
heute kaum möglich gewesen, ist aber seit über einem Jahr im Falle
anderer Zellsysteme bei Insekten gelungen. Ich bin demnach zuversichtlich, dass diese Versuche erfolgreich verlaufen werden. Hätte ich die
Gelegenheit, mit den eigenen Händen wissenschaftlich tätig zu bleiben,
so würde ich diese Experimente durchführen.

Bei all diesen Versuchsanordnungen haben wir uns dauernd auf
das Dogma gestützt, dass der eigentliche genetische Informationsgehalt
verschiedener Zelltypen wirklich identisch sei. Ich glaube, aufgrund
vieler embryologischer Befunde von Kerntransplantation, von Regene-

ration, von Metaplasie, dass Zellkerne verschiedener Zelltypen tatsächlich potentiell die gleiche genetische Information enthalten. Mit dem Entstehen der Nukleinsäure-Hybridisierungsmethoden ist es möglich geworden, diese Fragen direkt zu testen. Dabei sind Fälle zum Vorschein gekommen, die das Dogma mindestens zum Teil in Frage stellen. Aus unserem Labor soll dazu ein Beispiel kurz skizziert werden, dessen Genese im Rückblick methodisch ganz interessant ist. Ich führte regelmässig zu Hause mit einem kleinen Kreis von interessierten Kollegen, Assistenten und Studenten Seminare durch. Während eines Semesters bestand die Spielregel des Seminars darin, dass nur wichtige Arbeiten, vor 1930 publiziert, zur Sprache kamen, von deren Inhalt der Referent glaubte, er eigne sich für eine Neubearbeitung mit wissenschaftlichen Methoden der späten sechziger Jahre.

An einem dieser Seminare wies unser Referent darauf hin, dass in der Literatur seit der Jahrhundertwende ein hochinteressantes Phänomen mehr oder weniger brachlag, das damals auf dem Niveau zytologischer Beobachtung durch Boveri sorgfältig und mit Scharfsinn analysiert worden war: die Chromosomenelimination beim Spulwurm *Ascaris*. In der Frühentwicklung dieses Nematoden verlieren die Chromosomen aller Zellen, die sich später zu Körperzellen entwickeln, ihre Enden. Nur die Zellen, die später Eier oder Spermien werden, behalten die ganzen Chromosomensätze. Es wäre denkbar, dass mit dem Verlust der Chromosomenenden ein Verlust an genetischer Information einhergeht mit dem Ergebnis, dass zumindest Körperzellen und Keimzellen sich voneinander qualitativ in ihrem Informationsgehalt unterscheiden. Das würde das Fundament des Dogmas der genetischen Identität verschiedener Zelltypen erschüttern. Noch am gleichen Abend wurden mögliche Versuchsanordnungen diskutiert, und im Verlauf der letzten Jahre ist das Problem über den Weg der Nukleinsäurehybridisierung angegangen worden. DNS aus Spermien und ganzen Larven wurde präparativ dargestellt, und dann wurden über das Enzym RNS-Polymerase in vitro komplementäre RNS-Kopien der DNS erzeugt. Diese RNS-Spezies wurden dann im DNS-RNS-Hybridisationsansatz auf ihre Identität hin geprüft. Die ersten Befunde dieser Experimente sprechen dafür, dass zwischen Keimbahn und übrigen Zellen qualitative Informationsunterschiede bestehen. Es mag sich bei diesem Fall um ein ausgefallenes Beispiel handeln, das keineswegs allgemeine Gültigkeit zu haben braucht. Immerhin mahnt die Beobachtung zur Vorsicht in bezug auf die Verlässlichkeit des Dogmas der genetischen Identität.

Ich möchte zusammenfassen: Die Lösung des vielschichtigen Problems der Zelldifferenzierung hat im Anschluss an die grossen schöpferischen Leistungen von Beadle und Tatum, Watson und Crick und Jacob und Monod zahlreiche neue Impulse erhalten. Auf dem Niveau des Informationsgehalts der Nukleinsäuren ist es durch die Methode der molekularen Hybridisierung möglich geworden, zuverlässige Aussagen über den Informationsgehalt verschiedener Zelltypen zu machen. Ebenfalls durch molekulare Hybridisierung ist gezeigt worden, dass verschiedene Zelltypen unterschiedliche Teile ihrer genetischen Information als Transkriptionsprodukte ablesen. Die Verwendung von Zellkulturen und Transplantationsexperimenten hat den schlüssigen Nachweis ermöglicht, dass einzelne Zellen bekannte Enzymproteine autonom synthetisieren. Die Konzentration solcher Enzyme braucht aber nicht nur von der Syntheserate der Proteine abzuhängen, sondern kann auch epigenetisch, z. B. durch Degradationsprozesse, weiter reguliert werden. Ich bin der Meinung, dass die Verwendung von Zellen mit Riesenchromosomen im Verein mit der Methode der Zellfusionierung dazu geeignet ist, die Aktivität von Genen mit bekannten Proteinprodukten direkt sichtbar zu machen. Eine solche Versuchsanordnung könnte die Isolierung und Charakterisierung von Regulationssubstanzen möglich machen.

Kenntnis der Vorgänge, die zur Differenzierung der Zellen führen, ist nach meiner Überzeugung unabdingbare Voraussetzung für das Verständnis bösartiger Transformationen. Die Erforschung der Zelldifferenzierung wird damit zu einem wichtigen Bestandteil medizinischer Grundlagenforschung. Wenn der heutige Student der Biologie oder der Medizin morgen einen wichtigen Beitrag zum Verständnis der Zelldifferenzierung machen will, dann muss er mehr Mathematik, Physik, Chemie, Physikalische Chemie, Biochemie und Molekularbiologie samt Biophysik auf den Weg mitbekommen, als das während meines Studiums der Fall war. Schon jetzt sind wir mitten in einer Phase der biologischen Wissenschaften, in der die Analyse komplexer Vorgänge mit exakten naturwissenschaftlichen Methoden grosse Erfolge zeitigt. Diese Erfolge bilden die Grundlage für den Optimismus vieler Biologen und für unser Bekenntnis zum Reduktionismus. Das schliesst nicht aus, dass es fernere Horizonte der Erkenntnis gibt, die durch unser analytisches Vorgehen nicht näherrücken. «Das Erstaunen bleibt unverändert – nur unser Mut wächst, das Erstaunliche zu verstehen» (Niels Bohr).

1.5 Membrane Research and Biology[1]

About a year ago we appointed an ad-hoc committee at our institution with the mandate of sketching the future of biochemistry in Zürich. The final report of this committee leaves little doubt that the study of the biological membrane deserves much attention and indeed should be strengthened. As an ex-biologist I share this view, though perhaps for different reasons. I agree with the presumption that in order to understand the biochemical function of membranes, their structural components and their arrangement must be known. I also agree that chemical analysis, ultrastructural visualization, physiological studies on transport of matter through membranes are important for understanding and describing membranes as isolated components of biological systems. What I think would be wrong, however, is to focus membrane research on the membrane in its isolated state. Instead I believe that the thrust of membrane research should be directed at phenomena of a yet higher degree of complexity. Historically, it would have been – or perhaps in some laboratories has been – a mistake to study aminoacids with the sole objective of knowing their structure. Rather, it was important to direct aminoacid research towards understanding their role in proteins. Equally, membrane research in my opinion has to be aimed at understanding the role of the membrane in the cell as a whole, in tissues, that is to say in cell to cell interactions, and ultimately in organisms.

This is not to say that FEBS-course No. 29 on membrane biochemistry, membrane transport and energy coupling should not treat exactly what it treats. But it is to say that the specialists in ultrastructure, macromolecular organization, biophysics, membrane lipids, ion transport, energy conservation should in their sphere of influence communicate their insights to colleagues in related fields, e.g. of cell and developmental biology.

Specialists in cell and developmental biology have in recent years shown experimentally that cells have a considerable capacity of self-assembly, or 'sorting out'. If a mixture is made between embryonic retina cells and liver cells, for example, and these cells are given a chance to interact in vitro, they will sort out to the formation of two

---

1 Opening address, Federation of European Biochemical Societies, advanced course No. 29 on membrane biochemistry, Zürich, 5 March 1975.

more or less concentric spheres, one inside the other, of homogeneous cell types, as though a retina cell knew that it is a retina cell and a liver cell knew that it is a liver cell. There is little doubt that the information leading to such behavior is localized in the cell membrane. There is also little doubt, that the nature of this information plays a fundamental role in making a cell stay put where it is in the body rather than permitting it to invade other tissues as in the case of malignant transformations. Cell biologists and even physicians conducting such types of research do not – and in general cannot – have the skills at the molecular level that you have; and some colleagues in your field do not have the skills of cell and developmental biologists. Only constructive cooperation between these various leagues can lead research to an integrated, wholistic understanding of life instead of a patchwork.

1.6   Von Teleologie und molekularer Theologie[1]

Ich weiss nicht, wie vielen der anwesenden Mathematiker, Physiker, Chemiker und Biologen aller Prägungen nebst Gattinnen und Gatten dieser illustren Tafelrunde die Umstände bekannt sind, unter denen die Früchte der Erdnusspflanze heranreifen. Es wäre auch nicht einzusehen, weshalb wir uns ausgerechnet am Nachtessen der Wolfgang-Pauli-Vorlesungen mit diesem Thema befassen sollten, sprächen nicht mindestens zwei Ereignisse der jüngeren Vergangenheit dafür: die Präsidentschaftswahlen in den Vereinigten Staaten, bei denen, man wird es nicht bestreiten können, die Erdnuss eine Rolle spielte, und zweitens die Wolfgang-Pauli-Vorlesungen unseres Ehrengastes, Herrn Professor Perutz. Weil das erste Ereignis in der Presse ausführlich behandelt worden ist, möchte ich mich heute darauf beschränken, auf die Zusammenhänge zwischen der Reifung der Erdnüsse und dem Werk von Herrn Perutz einzugehen. Sie gestatten mir, dass ich hiefür etwas weiter aushole und zurückblende in meine Studentenzeit. Ort und Zeit: Zürich, vor etwas mehr als 20 Jahren. Situation: Ich sitze im mündlichen Botanikexamen, allein mit dem prüfenden Dozenten, dem hochverehrten Lehrer, Professor Däniker, in Gegenwart des damaligen

---

1 Tischrede zu Ehren von Max Perutz anlässlich der Wolfgang-Pauli-Vorlesungen 1976/77 am 13. Januar 1977 im Zunfthaus zur Meisen, Zürich.

Dekans der Philosophischen Fakultät II, Paul Karrer. Dänikers Frage an mich: «Warum springen die Früchte der Erdnusspflanze nicht auf, wenn sie reif sind?» Meine Antwort: «Weil sie keinen Aufspringmechanismus haben.» Der konsternierte Examinator versucht, mir wohlwollend auf die Spur zu helfen, indem er mich ergänzend fragt, wie denn die Erdnuss auf lateinisch heisse. Ich kenne den Namen *(Arachis hypogaea)* und auch die Übersetzung: die Unterirdische. Die aufleuchtenden Augen von Däniker signalisieren mir, dass ich damit die Lösung gefunden habe. Aber auf die Wiederholung seiner Frage antworte ich wieder: «Weil sie keinen Aufspringmechanismus haben.» Nach einer weiteren Wiederholung meiner sturen Antwort bittet mich der Dekan höflich, aber bestimmt, das Lokal zu verlassen, und ich muss mich mit der zweitbesten Note begnügen.

Natürlich hatte ich sofort gemerkt, welche Antwort hier erwartet worden war. Sie hätte gelautet, es würde den Samen der reifen Erdnuss ja gar nichts nützen, wenn ihre Hüllen aufsprängen, weil die Reifung unterirdisch erfolgt. Die üblichen Schmetterlingsblütler zeichnen sich durch sogenannte Streufrüchte aus; die Hülsen springen nach der Reifung auf, und die Samen werden auf diese Weise in einem mehr oder weniger weiten Umkreis der Mutterpflanze verbreitet. Bei der Erdnuss ist das nicht so. Dort werden die Fruchtknoten nach dem Abblühen durch Krümmung der Blütenachse in die Erde geschoben, und die Früchte reifen unterirdisch. Es würde also – so hätte die Antwort lauten müssen – der Erdnusspflanze gar nichts nützen, wenn ihre Hülsen aufsprängen, weil die «idée de manœuvre» (da unterirdisch vollzogen), eben die Samen*verbreitung*, so gar nicht erfolge.

Die Antwort hätte ich gewusst, doch über die Lippen brachte ich sie nicht. Einmal war mir selbstverständlich als Faktum bekannt, dass die Erdnusspflanze nicht über das nötige Zentralnervensystem verfügt, sich über Sinn und Zweck ihrer Fruchtreifung Gedanken zu machen. Zum zweiten und wichtigeren aber war ich als in neodarwinistisch-mechanistischer Denkweise verwurzelter Student der dieser Argumentation zugrundeliegenden, teleologischen Betrachtungsweise abhold; ich glaubte nicht, dass die Organismen sich in ihrer Evolution zielursächlich bewegen.

Im Laufe der Jahre hat sich meine eigene Beurteilung jenes Verzichts auf die erwartete Antwort etwas gewandelt. Ich bin zur Überzeugung gekommen, dass der Naturwissenschafter als Naturwissenschafter *Warum-Fragen* gar nicht stellen soll, sondern sich auf das

Stellen von *Wie-Fragen* beschränken soll. «Wie kommt es, dass die reife Erdnussfrucht nicht aufspringt?» hätte die naturwissenschaftliche Frage lauten sollen, und dann wäre auch meine Antwort richtig gewesen. Herr Perutz und viele seiner Kollegen, die sich mit Problemen von Struktur und Funktion grosser Moleküle befassen, sehen sich immer wieder vor solche naturwissenschaftliche Wie-Fragen gestellt. Wie kommt es, dass ein genetisch verändertes Hämoglobinmolekül in einem sogenannt Molekular-Kranken veränderte Atmungsfunktion zeigt? Bestehen Unterschiede in Struktur und Funktion der Hämoglobine etwa des Regenwurms und des Menschen, und wenn ja, wie kommt das?

Die Fragen stellen sich auch jenen Kollegen aus den Naturwissenschaften, die sich mit viel einfacheren Molekülen befassen. Nehmen wir Aminosäuren als Beispiel. Jede Aminosäure kann grundsätzlich in zwei Formen vorkommen, der Struktur nach identisch, aber spiegelbildlich verkehrt. In der Natur kommt indessen nur die eine der beiden möglichen Formen vor. Wie kommt das? Die Energien beider Formen sind identisch. Wenn man annimmt, dass sie zur Zeit der Schöpfung der Moleküle in einer Umgebung entstanden sind, die nicht die eine oder andere spiegelbildliche Form bevorzugt hätte, wäre auch die Wahrscheinlichkeit für die Entstehung beider spiegelbildlichen Formen gleich gross.

Kommt man auf dieser Stufe biologischer Organisationshöhe mit dem blossen Stellen der Wie-Frage noch sehr viel weiter? Wenn nämlich die Entstehung einer Aminosäure nicht als ausserordentlich unwahrscheinliches Ereignis taxiert wird, dann ist es schwer verständlich, wie es immer dann, wenn eine Aminosäure entstand, eine Aminosäure immer der gleichen Spiegelbildlichkeit wurde. Vielleicht ist hier die Warum-Frage nötig. Prelog, der sich heute leider wegen Landesabwesenheit hat entschuldigen müssen, schreibt zu dem Problem in seiner letztjährigen Nobelvorlesung: 'Many hypotheses have been conceived about this subject, which can be regarded as one of the first problems of molecular theology.' Ich möchte hier nicht einen Disput entfachen über die Frage, ob das Problem eines der molekularen Theologie oder allenfalls der molekularen Philosophie sei. Aber vielleicht erweist sich der überschaubare und doch so lebensnahe Bereich einer Aminosäure als ergiebiger Begegnungsort für Geisteswissenschaften und Naturwissenschaften. Als Entwicklungsbiologen würden mich die Antworten interessieren. Denn es ist doch eigentlich merkwürdig, dass wir zwei an sich gleiche Hände haben, aber eine linke und eine rechte. Warum?

1.7   Vom DNS-Molekül zur Maus[1]

Wenn ein Spermium in ein Ei eindringt, so ist in der resultierenden befruchteten Eizelle der Grundstock für einen neuen Organismus gelegt. Das Spermium trägt einen Chromosomensatz des Vaters bei, das Ei einen der Mutter; nie mehr im Verlauf der weiteren Entwicklung tritt neue genetische Information von aussen her in die befruchtete Eizelle oder den Embryo ein. Ja man kann in vielen Fällen solche befruchtete Eizellen im Reagenzglas bis zu sehr fortgeschrittenen Entwicklungsstadien aufziehen, ohne dass informationstragende Moleküle von aussen künstlich nachgeliefert würden.

Die Entwicklung des Organismus lässt sich in drei Komponenten aufteilen: Wachstum, Zelldifferenzierung und Morphogenese. Zum *Wachstum* nur ein Beispiel: Das befruchtete Ei des Menschen hat ein Gewicht von etwa drei millionstel Gramm; aus ihm entsteht ein Neugeborenes mit vielleicht 10^9 Zellen und einem Gewicht von drei Kilogramm. Die *Zelldifferenzierung* geht so vonstatten, dass durch Teilung der befruchteten Eizelle zunächst eine grosse Anzahl von Tochterzellen und Enkelzellen entstehen, die sich dann in Muskelzellen, Nervenzellen, Hautzellen, Knochenzellen usw. differenzieren. Das wohlgeordnete Neben- und Miteinander von Geweben und Organen im ausgestalteten Organismus ist das Ergebnis einer Folge von Vorgängen, die man durch den Begriff *Morphogenese* summiert. Zwischen Zelldifferenzierung und Morphogenese bestehen kausale Wechselwirkungen. In beiden Prozessen wird Gewachsenes umgebrochen.

Dass die Entwicklung eines Organismus auf biologische Information zurückgeht, hatte man lange vor Watson und Crick vermutet, und zwar aus den Tatsachen des Erbgangs von Entwicklungsstörungen. Man kannte Störungen der Zelldifferenzierung, des Wachstums und der Morphogenese mit familiär bekannten Erbgängen. Und ebenfalls schon vor dem DNS-Zeitalter machte man sich Gedanken, wie die biologische Information in der Entwicklung wirkt. George Beadle hat in seiner «One Gene-One Enzyme»-Hypothese postuliert, dass jedes Gen für die Produktion eines Enzyms verantwortlich sei. Seither wissen wir viel

---

1 Vortrag im Rahmen der Ringvorlesung «Philosophie an der Grenze der Naturwissenschaften», Wintersemester 1977/78, Universität und ETHZ, 21. Dezember 1977.

genauer, dass die lineare Abfolge von Aminosäuren im Eiweiss ein Abbild von linearen Abfolgen von Nukleotiden in den Nukleinsäuren ist. Darüber hinaus hatte die Biochemie während Jahrzehnten Daten gesammelt, die zeigen, dass Struktur und Funktion von Zellen weitgehend, wenn nicht ausschliesslich durch das Zusammenwirken von Eiweissmolekülen zustande kommen und definiert sind. So enthalten etwa unsere roten Blutkörperchen Hämoglobin, aber kein Enzym für die Bildung von schwarzem Pigment. Pigmentzellen enthalten demgegenüber ein Enzym für die Bildung von schwarzem Pigment, aber keinen Blutfarbstoff.

Schon aus der Chromosomentheorie der Vererbung (Boveri) ist abzuleiten, dass die Zellen eines mehrzelligen Individuums erbgleich sind. Modernste molekularbiologische Forschung untermauert die These, dass alle Zelltypen eines erwachsenen Organismus qualitativ identische Sätze genetischer Information enthalten. Es gibt hiezu einige Ausnahmen, die aber für unser heutiges Argument nicht erwähnt zu werden brauchen.

Das ist somit das Paradoxon des Entwicklungsbiologen, der die Mechanismen der Zelldifferenzierung ergründen will: Trotz identischem Gehalt an Information besteht in den verschiedenen Zelltypen ein Unterschied im Gehalt an Folgeprodukten dieser Information.

Brillante Arbeit an Mikroorganismen, vor allem durch Jacob und Monod, wies den Weg aus dem Dilemma, durch den Nachweis von Regulationsprozessen. Man spricht von Repression gewisser Sätze genetischer Information in den einen Zellen und Derepression in den andern Zellen. Man stellt sich also vor, dass in Leberzellen andere Batterien von Genen tätig sind als in Muskelzellen. Bei der grossen Vielfalt von molekularen Komponenten von Zellen und sogar von Chromosomen ist man nicht verlegen, Kandidaten für die molekulare Natur solcher Regulationsmechanismen zu nennen. Ich möchte auf die grosse Literatur über Regulatoreiweisse und -hormone hier nicht eingehen, sondern auf das überlagerte Problem hinsteuern, dass sich bei der weiteren Bearbeitung dieser differentiellen Regulationshypothese ergeben muss: dem Problem des Differentials. Es ist ja irgendein antezedentes Differential zu fordern, wenn man davon ausgeht, dass in der Folge einer Zellteilung bei den einen Abkömmlingen der Teilung ein reprimierender Prozess einsetzt, bei den andern aber nicht. Tatsächlich hat man inäquale Zellteilung beobachtet, die durchaus dazu führen könnte, dass das chromosomale Material verschiedenen Mikroumgebungen ausgesetzt würde und dass diese Verschiedenheit Ursache einer differentiellen Regulation werden könnte.

Beim Studium der Morphogenese stellt sich das Problem des Differentiellen nochmals, wenn auch in anderer Form. Der Organismus ist ja nicht nur dadurch gekennzeichnet, dass er sehr viele Zelltypen vereinigt, sondern wird erst dadurch funktionstüchtig, dass er sie am richtigen Ort vereinigt. Von der Theorie her wurde postuliert, dass Zellen über «positional information» verfügen, insofern sie wissen, wo sie sind, und schon in einem Frühstadium wissen, wohin sie später gehören. Ein einfaches Experiment besteht darin, dass man die Partner in einem Zellgemisch fragt, ob sie wissen, was sie später werden. Wir selbst haben solche Experimente mittels Organkulturen von Insekten-zellen durchgeführt. In vergleichbaren Versuchsanordnungen bei Wir-beltieren ist man dann einen Schritt weitergegangen und hat Zellen bekannten Schicksals mit anderen Zellen ebenfalls bekannten Schick-sals in Einzelzellsuspensionen gemischt und dann den Differenzierungs-prozess durchlaufen lassen. Die Ergebnisse zeigten ganz klar, dass die Zelltypen sich herkunftsgemäss aussortierten. Die Zellen haben die Fähigkeit, sich einzuordnen, vielleicht durch Information an ihrer Oberfläche. (Im Falle von invadierenden Tumoren geht diese Fähigkeit offensichtlich verloren.) Wenn man davon ausgeht, dass auch die Informationsträger für die Lokalisierung letztlich durch Genprodukte determiniert sind, kann man auch die Morphogenese auf genetische Information zurückführen. Es ergibt sich das Postulat, dass die Maus in ihrer Ganzheit durch ihre DNS bestimmt ist: *musculus omnis e DNA.* Der bedeutende Molekularbiologe Sidney Brenner hat 1966 an einem Embryologentreffen bemerkt, es würde schon bald möglich sein, eine Maus zu berechnen. Und der Genetiker Lederberg schrieb um die gleiche Zeit: 'Make the polypeptide sequences at the right time and in the right amounts, and the organization will take care of itself.' Wir finden in diesen Aussagen extreme Formen eines Reduktionismus, der hochgradig komplexe räumliche und zeitliche Abläufe auf sehr einfache Informationsträger zurückführt.

Ich muss hier erwähnen, dass mir persönlich die ganze Problema-tik des Vektors vom DNS-Molekül zur Maus aus didaktischen Überle-gungen bewusst geworden ist. Die Biologenausbildung der Vergangen-heit ging vom Organismus aus und stiess von dort zum Molekül vor. Lehrer mit molekularbiologischer oder chemischer oder physikalischer und mathematischer Vorbildung empfinden es aber als aussergewöhnlich schwierig, etwa über die Struktur einer Zelle zu sprechen, ohne Kenntnis ihrer molekularen Zusammensetzung voraussetzen zu können. Ja sie finden es fast hoffnungslos, über die Replikationsmechanismen von Chromosomen zu sprechen, ohne dass die Studenten DNS-Replikation schon kennen. Vielenorts hat die Erkenntnis dieser Schwierigkeit zu einer völligen Umkrempelung der Fliessrichtung der Biologieausbildung geführt, in der Weise, dass vom Molekül her entwickelt wird. Die Lehrmeinung hinter diesem Vorgehen besteht darin, dass ein Molekül als einfacher als ein Organismus betrachtet wird und dass Unterricht vom Einfachen zum Komplizierten führen soll.

Zurück zum Problem von Zelldifferenzierung und Morphogenese. Wie erfährt ein Zellkörper, ob er sein genetisches Material dazu bewegen soll, so oder anders aktiv zu werden? Die Histologen, die sich mit dem Problem der Eibildung abgeben, haben früh festgestellt, dass die Eizelle während ihrer eigenen Differenzierung einer ganzen Reihe von polar angeordneten Beeinflussungen durch Nachbarzellen ausgesetzt ist. So ist es ohne weiteres erklärbar, wenn das Zytoplasma der Eizelle geschichtet oder jedenfalls polar organisiert ist. In der Tat zeigen elektronenmikroskopische Bilder von Eizellen solche nichtzufällige Verteilung von Inhaltsstoffen. Diese Anordnungen könnten lokale Unterschiede darstellen, die nach erfolgter Teilung zu Situationen führen würden, in denen zwei Kerne in völlig verschiedene Zytoplasmen zu liegen kommen. Damit wäre möglicherweise eine Abfolge differentieller Signale eingeleitet. Die Erkenntnis kann substantiiert werden. Es steht nämlich fest, dass die Chromosomen in verschiedenen Zellen unterschiedlich aktiv sind. Aber die Erkenntnis hilft deshalb grundsätzlich nicht besonders viel weiter, weil ja auch die differentielle Beeinflussung der wachsenden Eizelle im Ovar auf ein Differential zurückgehen muss, das zur polaren Anordnung der Ovarzellen geführt hat. Von mathematischer Seite sind Modelle entwickelt worden, die solche räumliche Anordnung von Stoffen wenigstens in zweidimensionaler Richtung auf zufällige Ereignisse zurückführen, die etwa dem zufälligen Steinwurf in einen Teich einer bestimmten Form ähnlich sind. Die Interferenz der Wellen, die durch den Rückprall von der Uferlinie gebildet werden, kann zu stehenden Mustern führen, die zu unterschiedlicher lokaler Konzentration Anlass geben. Man erhält in solchen Modellen den Eindruck, dass der Reduktionismus bei aller Komplexität zu einer kausalen Erklärung führen kann.

Bisher habe ich ausschliesslich von Wachstum, Differenzierung und Morphogenese gesprochen. Wenn wir jetzt die Dimensionen von Verhalten, Psyche, Emotion in die Betrachtung mit einbeziehen, treffen wir aber neue Schwierigkeiten an. Welches sind die morphologischen und physiologischen Korrelate dieser Ausdrucksformen des Lebenden? Auf welches Substrat hin könnte hier Reduktionismus zielen? Es gibt Geisteswissenschafter, aber auch Naturwissenschafter, die aus der blossen Existenz dieser Fragen zwei Schlüsse ziehen, die nach meinem Empfinden beide falsch sind: den Schluss, erstens, dass der Reduktionismus generell eine verfehlte Philosophie darstelle, und zweitens den Schluss, dass der Reduktionismus *speziell* für Erkenntnisse im Bereich der Psyche untauglich sei. Zum ersten Schluss: Die reduktionistische Grundhaltung («Kompliziertes lässt sich auf Einfaches zurückführen») *hat* es der Biologie der Neuzeit ermöglicht, wichtige Teilziele des Erkenntnisweges zu erreichen; Beispiel, die Entzifferung des genetischen Codes. Zum zweiten Schluss: Warum ist auszuschliessen, dass wir auf analytischem Weg jene Substrate finden? Und wenn wir auf der Suche den Reduktionismus abstreifen wollen: Wodurch ersetzen wir ihn? Mein verehrter Lehrer, Ernst Hadorn, hat vor nicht ganz 2 Jahren zu diesem Thema gesagt: «Solange wir aber nichts Besseres kennen und solange ein Theoriengebäude heuristisch fruchtbar bleibt, sehe ich auch keine Notwendigkeit, diesem Reduktionismus untreu zu werden.» Dieser Satz ist bedeutungsvoll. Denn gerade bei biologischen Forschern mit grossem intellektuellem Tiefgang ist die Versuchung nicht von der Hand zu weisen, in der reduktionistisch geprägten Forschungsarbeit deshalb zu resignieren, weil am Horizont ein grundsätzliches Fragezeichen steht. Die Resignation dürfte aber schon deshalb im Interesse des Fortschritts und der Erkenntnismehrung nicht eintreten, weil die Auflösung des Fragezeichens kaum Sache der Biologen und sicher nicht Sache der Biologen allein sein kann. Vielmehr braucht es hier eine Zusammenarbeit mit unseren Kollegen in den Geisteswissenschaften, vorab der Philosophie. Ich glaube daher, dass der draufgängerische biologische Forscher recht beraten ist, wenn er sich weiterhin auf dem Pfad der Prognose von Brenner bewegt, der ja in Aussicht stellt, eine Maus zu berechnen. *Musculus omnis e DNA!*

2
Über die Eidgenössische Technische Hochschule Zürich

2.1   Vor der Amtsübernahme[1]

Unsere Hochschule nähert sich einer Phase, in der das materielle Wachstum gebremst wird oder zum Stillstand kommt. Auf dem Personalsektor ist das schon dieses Jahr spürbar. Bei den Finanzen wird es in kommenden Jahren spürbar werden. Im Sektor Neu- und Umbauten wird es sich in einer Verzögerung pendenter und projektierter Bauten ausdrücken.

Ich werde mir Mühe geben, die Interessen der ETHZ im Schulratsbereich so zu vertreten, dass unsere Schule im Vergleich mit den Annexanstalten und der EPFL den ihrer Bedeutung entsprechenden Anteil an Mitteln erhält. Ich möchte aber festhalten, dass unsere heutigen personellen und finanziellen Mittel zusammen mit den Gebäulichkeiten und Einrichtungen ein Potential darstellen, das auch ohne weiteren Zuwachs einen stabilen Zustand auf einem hohen Plateau ermöglicht, den wir nicht als Stagnation zu bezeichnen brauchen. Von Stagnation könnten wir nur dann sprechen, wenn wir den Fehler begingen, neue gute Projekte von uns zu weisen mit der Begründung, sie könnten ohne gleichzeitige Zuteilung neuer Mittel nicht bewältigt werden. Ich bin nicht bereit, diesen Fehler zu begehen. Vielmehr werde ich versuchen, für förderungswürdige neue Projekte im Rahmen unserer Hochschule Lebensraum zu schaffen, und zwar durch Umgruppierung von Personen und Sachmitteln, durch betriebliche Straffung bestehender Institute und durch vermehrte Zusammenarbeit mit andern Hochschulen. Ich sehe in diesem Problemkreis eine der Hauptaufgaben des noch zu bestimmenden Betriebsdirektors. Es liegt nun allerdings in der Natur der Hochschulen, dass Umgruppierungen nur relativ langsam möglich sind. Im Falle von Professuren bildet die Rücktrittsrate den begrenzenden Faktor.

Dieser Umstand hat anderseits den Vorteil, uns viel Zeit für sorgfältige Vorbereitung zu verschaffen. Bei jeder Neubesetzung einer Professur kann gründlich geprüft werden, ob die Professur auf dem gleichen Lehr- und Forschungsgebiet erneuert werden solle. In ausgesprochen rasch sich entwickelnden Wissensgebieten wird das oft nicht der Fall sein dürfen, wenn wir nicht durch konservative Neubesetzungen eine echte Stagnation einleiten wollen. Es liegt ebenso in der Eigenart der Hochschulen, dass betriebliche Straffungen nur ungern

---

1 Kurze Ansprache in der Gesamtkonferenz der ETH-Professoren am 28. Juni 1973.

vorgenommen werden, gegen den Widerstand eines historisch gewach-
senen Besitzstandbegriffs über Personal, Raum und Finanzen. Hier wird
ein Umdenken nötig sein. Ein Umdenken wird auch nötig sein in der
Einstellung zur Zusammenarbeit mit andern Hochschulen des Bundes
und der Kantone.

Wer soll die sorgfältige Prüfung dieser Fragen durchführen? Nicht
die Verwaltung, sondern die Dozenten. Nicht die Verwaltung soll
Wissenschaftspolitik betreiben, sondern in allererster Linie die Dozentenschaft der Hochschulen – unserer eigenen, aber auch fremder
Hochschulen. Ich habe die Absicht, vor allem die Forschungskommission vermehrt für diese Aufgabe einzusetzen, in dem Sinne, dass sie
bestehende, ETH-eigene Projekte laufend verfolgt und damit Entscheidungsgrundlagen schafft auch für einen Vergleich mit neuen Projekten,
die an uns herangetragen werden. Diese Beurteilung wird gleichzeitig
Entscheidungsgrundlagen für die ETH-interne Zuteilung von Mitteln
verschaffen. Ich werde mich dabei weniger von der Vergangenheit eines
Instituts leiten lassen, als von der Gegenwart und vor allem der nahen
Zukunft. Die Forschungskommission wird durch diese neuen Aufgaben
bedeutend stärker belastet sein als bisher. Ihr Einsatz für die Lösung
dieser Aufgaben entspricht dem Konzept von Präsident Hauri, der im
Rahmen seines nach meiner Meinung hervorragenden Vorschlags für
die Reorganisation der Schulleitung die Absicht geäussert hat, einen
grossen Teil der Mitarbeit auf die Dozentenschaft zu delegieren. Seine
Organisation erlaubt es aber, Dozentenkommissionen in rein administrativen und technischen Belangen wirkungsvoll zu unterstützen. In
diesem Sinne werde ich der Forschungskommission, aber auch der
Planungskommission, der Reformkommission und dem Sektor Information Mitarbeiter aus dem Stab der Schulleitung zur dauernden Unterstützung zur Verfügung stellen. Mit dieser Massnahme möchte ich ein
Bestreben unterstreichen, das mir besonders am Herzen liegt: dass
Dozentenschaft und Verwaltung zusammenspannen und am gleichen
Strick ziehen. Herr Rektor designatus Zollinger hat mir versichert, er
werde mir bei der Verwirklichung dieser Absicht helfen. Ich meine nun
aber nicht, dass dadurch die Abgrenzung der Aufgaben von Dozentenschaft und Verwaltung verwischt werden solle. Ich sehe diese Abgrenzung ganz klar so, dass es die Aufgabe der Verwaltung ist, die Durchführung von Forschungs- und Lehrprogrammen der Dozentenschaft zu
erleichtern und die wissenschaftspolitischen Leitbilder der Dozentenschaft im Rahmen des Möglichen in die Wirklichkeit zu übertragen. Die

Verwaltung ist für die Dozentenschaft da, nicht umgekehrt. Aber beide Teile müssen die Gewissheit erlangen, auf das gleiche Ziel hinzuarbeiten: die Qualität unserer Hochschulen zu erhalten und zu erhöhen. Originalität der Forschung und Zeitgerechtheit des Unterrichts sind nach meiner Meinung das beste Mass für diese Qualität.

Wohl fast jeder der Anwesenden hat sich in irgendeiner Funktion mit dem Problem der Reform befasst. Es gibt Kommilitonen, die der Überzeugung sind, Reform müsse Revolution bedeuten. Ich stemme mich gegen diese Ansicht. Eine Revolution ist darauf ausgerichtet, zunächst das Bestehende zu zerstören, und das ist an unserer Hochschule nicht nötig. Es gibt andere Kommilitonen, die der Überzeugung sind, Reform ergebe sich als evolutiver Prozess von selbst. Diese Auffassung fasse ich persönlich als Resignation auf, welcher die im Zeitalter beschleunigter intellektueller Evolution nötige Dynamik fehlt. Es gibt schliesslich Kommilitonen, die konstruktiv, aggressiv, mit klaren Zielsetzungen und klarem Verständnis für die Realisierbarkeit Änderungen dort vornehmen wollen, wo dokumentierbare Schwächen bestehen. Diese konstruktiven Reformer können sich auf meine Unterstützung verlassen.

Ich erachte es als ausserordentlich wichtig, dass Dozenten, Verwaltung und Schulleitung sich persönlich kennenlernen. Ich werde periodisch Aussprachen veranstalten, in deren Verlauf ohne Geschäftsordnung, ohne Anträge und ohne Abstimmungen Meinungen vorgebracht und Fragen gestellt und beantwortet werden können. Je nach Thema werde ich die einen oder andern Stände zu solchen Aussprachen einladen. Die erste Aussprache ist dem Thema «Bezüge der Doktoranden» gewidmet; ich habe die Mittagszeit vom 30. Oktober dieses Jahres dafür reserviert und möchte Sie schon jetzt einladen, dann mit einem Sandwich bewaffnet zu erscheinen und in einem informellen Gespräch mit der Schulleitung und Vertretern der Verwaltung Ihre Meinung über dieses schwierige und schwerwiegende Problem darzustellen. Auch persönlich werde ich mich sehr anstrengen, Sie kennenzulernen. Ich bitte Sie, mir dazu Zeit einzuräumen. Die ETH zählt heute über hundert Institute; wenn ich pro Woche zwei Institute besuchen kann, so braucht das doch immerhin ein Jahr. Ich weiss noch nicht, ob ich pro Woche zwei Institute werde besuchen können. Ich weiss, dass auch Herr Zollinger die Absicht hat, die persönlichen Kontakte zu intensivieren. Er wird z. B. versuchen, die Institution der Antrittsvorlesung für solche Kontaktnahmen auszunützen. Ich darf Sie bitten, ihn bei dieser Arbeit zu unterstützen. Wir beide sind der festen Überzeugung, dass durch persönliches Gespräch viel beigetragen werden kann, die Unlust zu überwinden, die leider in vielen Abteilungen und Instituten in Forschung und Lehre, in Kommissionen, bei Dozenten, Studenten und Bediensteten herrscht. Wir beide werden uns dafür verwenden, dass ein neuer «esprit de corps» unter den Dozenten wachsen kann. Ich werde mich dafür einsetzen, dass als Stätte der Begegnung ein «Faculty club» geschaffen wird.

Ich habe jetzt vornehmlich die drei pauschalen Begriffe Dozentenschaft, Verwaltung und Schulleitung gebraucht. Gestatten Sie mir zum Schluss, die Zusammensetzung und die Stellung der Schulleitung nochmals klar zu beschreiben. Sie wissen, dass nach dem Konzept von Herrn Hauri, zu dem ich stehe, die Schulleitung aus einem Triumvirat besteht: dem Betriebsdirektor, dem Rektor und dem nach oben verantwortlichen Präsidenten. Ich zähle die Schulleitung nicht zur Verwaltung. Ich für meine Person bin kein Verwalter und habe auch nicht die Absicht, einer zu werden. Ich fasse meine Funktion und die Funktion der kollegialen Schulleitung klar als eine leitende auf.

Ich danke den zahlreichen Kollegen, die mir schriftlich oder mündlich ihre Unterstützung angeboten haben. Ich werde mich der neuen Aufgabe mit vollem Einsatz widmen.

2.2   Probleme des ETH-Ausbaus[1]

Die gegenwärtig im Bau befindlichen Gebäude auf dem Hönggerberg und im ETH-Zentrum werden voraussichtlich 1976 bezugsbereit; auf diesen Zeitpunkt wird die ETHZ ein ganz erheblich vergrössertes Raumangebot zur Verfügung haben. In Anbetracht der Finanzlage des Bundes und der bildungspolitischen Unsicherheit im Hochschulwesen müssen wir uns darauf gefasst machen, dass der weitere Raumzuwachs für unsere Hochschule in den beiden nächsten Jahrzehnten nur bescheiden sein wird.

Dieser Umstand darf aber nicht verhindern, dass sich die ETH inhaltlich zeitgerecht entwickelt. Vielmehr müssen wir versuchen, mit den vorhandenen Mitteln einen Optimalzustand herbeizuführen, der den Weg zu einem Idealzustand nicht verbaut. Das bedeutet aber, dass

---

1 Presseorientierung am 21. Januar 1974.

wir nicht starr an den Entwicklungskonzepten festhalten, die früheren Baubotschaften zugrunde lagen. Vielmehr müssen wir das vorhandene Raumangebot durch sinnvolle Bewirtschaftung den akademischen Zielsetzungen der ganzen Schule bestmöglich zur Verfügung halten.

Einige Umstände müssen dabei berücksichtigt werden:

— Die Kunst der Architekten stellt uns vermehrt Gebäude zur Verfügung, die vielseitig genützt werden können;

— die Entwicklung der Studentenzahlen in den Fachbereichen, für welche die Neubauten auf dem Hönggerberg vordringlich gedacht waren, ist hinter den Erwartungen zurückgeblieben;

— der Personalzuwachs der ETHZ bleibt in den nächsten Jahren hinter den Erwartungen zurück;

— in etlichen Forschungsbereichen zeichnen sich Wünsche der Institutsangehörigen ab, viele Mini-Institute zu einer kleinen Anzahl grösserer Institute zu vereinigen und damit jene kritischen Massen zu schaffen, in denen wissenschaftliche Tätigkeit optimal ablaufen und Infrastrukturen optimal ausgenützt werden können.

Der «Belegungsplan 1976» strebt als Ziele an:

1. Die Hochschulangehörigen in einer Weise zu gruppieren, die akademisch eine sinnvolle Weiterentwicklung erlaubt, auch wenn in den folgenden zwei Jahrzehnten kein erheblicher Raumzuwachs möglich werden sollte;

2. die Einheit der ETHZ trotz ihren zwei Standorten zu erhalten;

3. möglichst wenige Umgruppierungen vornehmen zu müssen, falls später doch ein erheblicher Raumzuwachs möglich werden sollte.

Die Planungsstelle der ETH hat in jahrelanger Vorarbeit eine imponierende Sammlung von Daten zusammengestellt über Studentenzahlen, Entwicklungspläne von Instituten, Prognosen über die Entwicklung von Fachbereichen.

Die Schulleitung hat diese Daten im Hinblick auf eine Lösung ausgewertet, die eine *Gruppierung von Instituten mit verwandter wissenschaftlicher Zielsetzung* ermöglicht. Solche Institutsgruppen sollten zusammen komplexe Aufgaben multidisziplinär lösen können. *In den neuen Hönggerbergbauten* sollen die Themen *«Bauen»* und *«Planen»* bearbeitet werden.

Für die Bearbeitung eines andern, neuen Themenkreises, «Ernährung», kann gemäss Belegungsplan 1976 im ETH-Zentrum Raum zur Verfügung gestellt werden.

Parallel zu diesen Untersuchungen über die Realisierbarkeit einer

Idee der Neugruppierung nach Massgabe wissenschaftlicher Thematik laufen jetzt Bestrebungen der Institute dieser Fachgebiete, sich neu zu organisieren. Dabei werden nicht selten die Grenzen der herkömmlichen Fachabteilungen durchbrochen.

Neu bei solchen Bestrebungen ist die Mitwirkung aller Institutsangehörigen. Auf den 1.Januar 1974 ist ein Institutsreglement in Kraft getreten, das die Frage der Organisation der ETH-Institute regelt. Das Reglement verlangt die kollegiale Leitung eines Instituts mindestens durch alle ihm zugeordneten Professoren. Dieses Leitungskollegium entscheidet über alle wesentlichen Tätigkeiten des Instituts nach Rücksprache mit dem Institutsrat, in dem Vertreter des akademischen Mittelbaus und des technischen Personals sitzen. Die Beschlüsse der Leitung werden vom Institutsvorsteher in die Tat umgesetzt. Jedes Institut hat zudem die Möglichkeit, seinem besonderen Charakter angepasste Änderungen an dieser «Normalverfassung» vorzunehmen, auf dem Wege über die sogenannten «Satzungen».

Wesentlich für die Frage der Belegungsplanung ist die Tatsache, dass alle Angehörigen der betroffenen Institute die Möglichkeit haben, sich zu den vorgeschlagenen Umgruppierungen zu äussern. Das bringt einerseits eine gewisse Verzögerung des Verfahrens mit sich, anderseits den potentiellen Vorteil, dass der Schulleitung zusätzliche wesentliche Meinungen zu Gehör kommen.

Das zweite angestrebte Ziel der Planung – die Einheit der Schule – ist allerdings mit der vorgeschlagenen Neugruppierung noch nicht erreicht. Wir schlagen vor, dieses Ziel auf dem Weg über den Unterricht zu erreichen. Nach dieser Idee würde jeder ETH-Student Unterrichtsveranstaltungen sowohl im ETH-Zentrum als auch auf dem Hönggerberg besuchen. Das ist schon heute für viele Studenten der Fall, soll aber nach meiner Meinung intensiviert werden, damit eine echte «Durchblutung» der beiden Standorte zustande kommt. Hier sind nun auch die Unterrichtseinheiten unserer Schule zur Meinungsäusserung aufgerufen, also die Abteilungen.

Die bei der Belegung der Hönggerbergbauten 1976 im ETH-Zentrum freiwerdenden Räume werden uns die Möglichkeit geben, *im ETH-Hauptgebäude für Mathematik und Geisteswissenschaften Entfaltungsmöglichkeiten zu schaffen.* Im Neubau der Polyterrasse werden ausser der grosszügigen Mensa Mehrzweckhallen für Turnen, Theater, Musik und andere Grossräume bereitgestellt werden. Das Raumangebot im Zentrum wird uns endlich auch die Möglichkeiten geben, durch

Bereitstellung von kleinen Klassenzimmern die vielen Wünsche nach *Gruppenunterricht* vermehrt zu erfüllen.

Was bedeutet die Belegungsplanung in bezug auf das dritte Ziel, den «Vollausbau» dereinst sinnvoll vollenden zu können? Der Plan lässt für später zwei ganz verschiedene Schachzüge offen. Der eine ist die Verlegung der Maschinen- und Elektroingenieure auf den Hönggerberg; dort entstünde dann eine eigentliche Ingenieurschule, und im Zentrum könnte sich z.B. die Biologie weiter entfalten. Der andere ist die Aussiedelung der gesamten biologischen Wissenschaften auf den Hönggerberg und die Weiterentwicklung der Ingenieurwissenschaften im Zentrum. Beide Lösungen sind diskutabel. Sie werden indessen von der ETH nicht im Alleingang diskutiert, sondern in Tuchfühlung mit den Planungsgruppen der Universität Zürich.

2.3   On Communication[1]

In a recent conference a few close associates and I studied the question how to arrange the faculty of a new University into organizational groups. By what criteria, we wondered, should this be done? Certainly by the common denominators of their academic goals. But which are these common denominators, or 'academic entities' of today and tomorrow?

The way we proceeded was to regard our own school as a random conglomerate of 12 divisions, 112 institutes, 7,500 rooms, 11,000 people. In a mental experiment we then lifted this conglomerate, let it fall on a hard surface, and named the resulting large number of small particles by virtue of their academic goals. Then we gave those particles a chance spontaneously to aggregate during some time, and named the resulting sections. Mathematics, physics, chemistry sorted out very rapidly, followed after a lag by biology. These four are conventional entities. But other, less conventional sections formed also. 'Nutrition' was one, 'planning' another and 'communication' a third. The faculty belonging into the latter section covered a wide range of disciplines starting, at the fine arts end of the spectrum, with the musicologist with his emphasis on the hard-to-grasp continuity of sound as a way of communicating

---

1 Skizze für die Begrüssungsansprache am «1974 International Zürich Seminar on Digital Communications» vom 12. März 1974.

emotion, the artist painter, the psychologists, the linguists with their already more concrete repertory of symbols and words in writing and speech. And then came the electrical engineers, astronomers and electronics people like yourselves who struggle to code and decode, record and transmit signals in a sophisticated fight for speed and clarity. And at the opposite end of the spectrum, the information scientist.

Man being a *Zoon politicon*, the ethical aim of all these people in the communication sciences must be to facilitate the transfer of true information. I say true information rather than accurate information. For while it may be rather easy to transmit accurate information, how could one even hope really to reproduce the full truth of the spoken word, often accompanied by gesture and mimics.

In view of the few but overwhelming global concerns of mankind of today, communication assumes paramount importance for information transfer, but also as a means for diminishing distrust. It is to be hoped that communication scientists will not restrict their endeavor to speed and analytical accuracy, but aim synthetically to bring out the full range of subtleties of true human communication.

2.4 Zur Problematik der Hochschulplanung[1]

20 von 80 befragten Universitäten betreiben keinerlei Hochschulplanung, heisst es in einem Bericht des «UNESCO-Kuriers» vom Februar dieses Jahres. Am andern Ende der Skala der Planungsintensität stehen jene Hochschulen östlicher Länder, die von dirigistischer sozialer und wirtschaftlicher Planung durchdrungen sind. Selbst in unserem kleinen Land herrscht keineswegs eine *unité de doctrine* über Hochschulplanung. Was soll sie umfassen? Wer soll sie betreiben? Wen soll sie betreffen? Die Meinungen zu dieser dritten Frage – um diese gerade vorwegzunehmen – reichen vom nationalen, grosszügigen Bild «Hochschule Schweiz» bis zur lokalpolitischen, engeren Vorstellung der autonomen Universität. Im einen Fall denkt man an ein Miteinander wohlabgestimmter Hochschultätigkeit im Raume Schweiz, wobei das Tun und Lassen jeder Universität immer im Blick auf alle Hochschulen zu geschehen hätte. Im andern Fall denkt man an ein Nebeneinander eigenständiger Universitäten, deren jede all das tut oder lässt, was ihr

1 Ansprache an der Einweihung der ETH-Hönggerberg am 10. Mai 1974.

und nur ihr selbst als richtig erscheint. Neben vertretbaren Zwischenlösungen dieser beiden Varianten gibt es für jede eine Extremform, die politisch und wirtschaftlich mit unserer Staatsform und unseren beschränkten Mitteln aber unvereinbar bliebe: einmal das Hirngespinst der zentral aus Bern gesteuerten, durchorganisierten «Grossuniversität Schweiz», welche über kurz oder lang zur Zerstörung der kulturell wichtigen regionalen Eigenart unserer Hochschulen führte, und dann als anderes Extrem das unkoordinierte Nebeneinander autonomer, wohl bald enzystierter und enkrustierter Fakultäten, welche die wichtige universitäre Kohärenz ihrer Mutterorganismen zerstörten und bald aus Mangel an Sauerstoff (sprich Finanzen) zugrunde gingen. Ich werde meine eigene Meinung zu dieser Frage später skizzieren, möchte mich aber zunächst den andern Fragen zuwenden.

Was soll Hochschulplanung umfassen? Wer soll Hochschulplanung betreiben?

Planer sind darauf aus, zukünftige Tätigkeiten vorauszubeschreiben und Massnahmen zu veranlassen, die solche Tätigkeiten ermöglichen. Ein Berufsplaner will «das Ziel des Unternehmens» kennen, bevor er mit seiner Planungsarbeit beginnt.

Im Falle der Hochschulplanung beginnt die *Schwierigkeit bei der Formulierung des Ziels.* Als Bürger betrachten wir das menschliche Wohlergehen unserer Nation als das hervorragende Ziel all unseres Tuns, also auch des Tuns unserer Hochschulen. Dem Hochschulplaner hilft diese Generalklausel wenig weiter. Er wird verlangen, dass man «das Ziel» aufgliedere in konkrete Teilziele - Teilziele nicht im Sinne einer zeitlichen Abfolge, sondern im Sinne einer echten Mehrzahl von Zielen. Die Hochschulen bezeichnen diese Ziele mit den Stichworten Lehre, Forschung und Dienstleistung. Der Planer braucht aber für seine Arbeit qualitativ fassbare und quantifizierbare Grössen. Die Hochschulen versuchen, ihm solche Daten zu verschaffen. Sie gehen dabei von *Berufsbildern* aus. Wir brauchen Ärzte, Bauingenieure, Rechtsanwälte, Gymnasiallehrer, Apotheker usw. Die Liste der traditionellen akademischen Berufe ist überblickbar und wird nur langsam vergrössert, meist durch Erweiterung des Blickwinkels oder Vertiefung eines Teils des Fachwissens herkömmlicher Disziplinen: der Lebensmittelwissenschafter als Agronom mit erweiterten Kenntnissen in Verfahrenstechnik und Ernährung, der Reaktoringenieur als Maschineningenieur mit vertieften Kenntnissen in Kernphysik und Reaktortechnik.

Die qualitative Beschreibung der Infrastruktur - Lehr- und

Forschungspersonal, Gebäude, Verwaltungsapparat – für die Ausbildung von Wissenschaftern dieser Berufsbilder ist dann relativ einfach. Der Planer möchte aber Angaben über die zu *erwartende Zahl* der Studierenden. Hier stösst er auf die *zweite grosse Schwierigkeit*. Es ist zwar nicht furchtbar schwierig, Bedarfsprognosen zu stellen; unsere Mittelschulen und unsere Industrien sind recht gut in der Lage, ihren *Bedarf* an bestimmten Fachleuten zu nennen. Wie aber erfassen wir das *Bedürfnis* kommender Generationen von Studierenden, Arzt, Bauingenieur, Rechtsanwalt, Gymnasiallehrer oder Apotheker zu werden? Konnten wir vorausahnen, dass ausgerechnet auf den Zeitraum besonders intensiver Bautätigkeit hin die Zahl der Bauingenieurstudenten in der Schweiz abnehmen würde? Als Mitte der fünfziger Jahre nach grandiosen Entdeckungen eine Neue Biologie erwachte: Hätte jemand vermeiden müssen, vermeiden können, dass das Studium der Biochemie und der Molekularbiologie zu einem Modestudium wurde? Wer betrachtet es heute als seine Pflicht, oder woher nähme er das Recht, den Zustrom zum Studium der Architektur zu steuern? Wer ahnt schliesslich, welcher Prozentsatz der Jugend in 25 Jahren überhaupt ein Studium ergreifen will? Ich glaube nicht, dass solche «Bedürfnisprognosen» möglich sind; verlässliche Zahlen darüber können wir dem Planer ganz einfach nicht liefern.

Mit etwas grösserer Zuverlässigkeit können und müssen wir ihm aber den *finanziellen Rahmen* abstecken, in dem er sich zu bewegen hat. Unsere Volkswirtschafter bemühen sich, Entwicklungsprognosen für das Bruttosozialprodukt zu stellen und den Finanzstatus der öffentlichen Hand vorauszusagen. Sie sind dabei nicht immer erfolgreich, und auch das muss der Planer wissen, wenn er sich auf die Extrapolationen verlässt – aber er braucht die Richtwerte. Unsere Parlamente haben es weitgehend in der Hand, zu entscheiden, welcher Anteil des Bruttosozialprodukts für die Landwirtschaft, für die soziale Wohlfahrt, für den Verkehr, für die Landesverteidigung, für Unterricht und Forschung eingesetzt werden soll. Die Richtwerte müssen von den Parlamenten im Spannungsfeld der Interessen des Volkes festgelegt werden. *Es ist Sache der Hochschulen, ihren eigenen absoluten Wert zu dokumentieren. Es ist Sache der Parlamente, die relative Wichtigkeit der Hochschultätigkeit für das Wohlergehen der Bevölkerung abzuwägen.*

Wenn der Hochschulplaner nun im besten Fall einigermassen verbindliche Kostenrahmen kennt, dann wird er sich bei den Angehörigen der Hochschulen nach den eigenen Entwicklungsplänen erkundigen. Er wird sich dabei in erster Linie an die Professoren wenden; sie verweilen besonders lange an der Hochschule und haben ein dementsprechend ernsthaftes und andauerndes Interesse an ihr. Im Laufe dieser Konsultation wird der Planer die Feststellung machen, dass kaum ein Professor negative Wachstumsabsichten hat. Im ehrlichen Bestreben, noch mehr und noch Besseres zu leisten, will fast jeder Professor den Aufwand auf seinem Arbeitsgebiet erhalten oder vergrössern. Der Planer wird bei diesen Gesprächen begeisternder und begeisterter Euphorien teilhaftig. Man kann leicht zeigen – und solche Pro-forma-Studien über Wachstumsideen sind durchgeführt worden –, dass der Hochschulaufwand bald einmal den Plafond des Bruttosozialprodukts durchstossen müsste. Der gute Planer wird hier dämpfend und vermittelnd wirken, aber er wird auch lenkend wirken wollen, vor allem dann, wenn die Mittel knapper werden.

Der Planer einer Technischen Hochschule muss sich z.B. 1974 fragen, ob es angesichts der kürzlichen Energiekrise sinnvoll sei, Professuren in Elektronik oder Anorganischer Chemie zu schaffen, oder ob es nicht wichtiger wäre, die Anstrengungen in der Energietechnik zu vergrössern. Er begibt sich dabei ins Schussfeld zweier Lager von Opponenten, die beide das nahe «Ende der Welt aus Energiegründen» prophezeien. Nach der Meinung der einen wird die Welt an Energiemangel zugrunde gehen, nach der Meinung der andern aus Energieüberfluss. Der Konflikt nimmt dem Planer die Pflicht nicht ab, die Frage zu stellen und nach bestem Wissen und Gewissen zu einer Antwort zu kommen. Ich habe das Beispiel gewählt, weil es in aller Deutlichkeit zeigt, wo die *allergrösste Schwierigkeit der Hochschulplanung* besteht: nicht in den quantitativen Aspekten, sondern in den qualitativen. Der Wissenschaftsrat hat zwar in einem monumentalen Anlauf versucht, den Hochschulplanern diese Arbeit abzunehmen. Sein Bericht erleichtert uns die Arbeit, aber nimmt sie uns nicht ab. Zu viele Lücken wurden aufgezeigt, als dass wir sie mit den begrenzten Mitteln füllen könnten.

Die Empfehlungen wissenschaftspolitischer und bildungspolitischer Gremien haben quantitativ immer ein positives Vorzeichen: Wir wollen unsere Wissenschafts- und Bildungstätigkeit *ausbauen*. Geleitet von diesen Direktiven, hat der herkömmliche, «strategische» Hochschulplaner denn auch unter der Voraussetzung gearbeitet, das Tätigkeitsfeld der Hochschulen werde erweitert und die Aufwendungen könnten wachsen. Sein Hauptaugenmerk galt also der Frage, welche bestehenden Tätigkeiten ausgebaut, welche neuen aufgebaut werden müssten.

Nun hat sich in unserem Land die wirtschaftliche Lage der öffentlichen Hand verschlechtert. Nach der Botschaft des Bundesrates an die Bundesversammlung über die Wiederherstellung des Gleichgewichts im Bundeshaushalt (vom 3. April 1974) wird das Personalwachstum im Bund, inklusive Bundeshochschulen, praktisch zum Stillstand kommen. Die Richtwerte, die uns von der Eidgenössischen Finanzverwaltung mitgeteilt wurden, würden bei der heutigen Teuerungsrate für die kommenden 5 Jahre einen realen Abbau der Aufwendungen zur Folge haben. Vor den qualitativ unveränderten Ausbauplänen der Hochschulen senkte sich die Barriere nicht etwa nur teilweise, sondern ganz. Mehr noch: Nicht nur könnten wir nach diesen Prognosen quantitativ nicht mehr wachsen: wir müssten schrumpfen.

In dieser Situation wird der *strategische Planer zum taktischen Planer*. Die Entwicklung unserer Hochschulen muss für alle wichtigen Bereiche möglich bleiben. Die fetten Jahre dürfen nicht nur jenen Bereichen zum Nutzen gereichen, die durch historischen Zufall oder den Unternehmergeist ihrer Exponenten rechtzeitig zum Zuge kamen. Der taktische Planer muss ein Instrumentarium vorbereiten, das ihm erlaubt, in mageren Jahren die vorhandenen *Mittel zu bewirtschaften*, zur Herstellung eines Optimalzustandes. Der Optimalzustand wird weit entfernt sein vom anzustrebenden Idealzustand; für die Summe der Betroffenen stellt er aber das kleinstmögliche Übel dar.

Was die Räumlichkeiten anbetrifft, können die 7500 Räume unserer Hochschule mit Hilfe der *Raumdatenbank* aufgrund ausgewiesener Bedürfnisse rasch neu zugeteilt werden. Für die Bewirtschaftung der Kredite werden wir 1975 einen Teil der bisherigen Basisfinanzierung durch *Projektfinanzierung* ersetzen. Die echte Schwierigkeit liegt aber nicht in den technischen Aspekten der Mittelbewirtschaftung, sondern in der Erarbeitung der akademischen Gesichtspunkte, nach welchen die neue Zuteilung der Mittel erfolgen soll. Wer beurteilt Qualität und Quantität von Lehre und Forschung unserer Hochschulinstitute in einer Weise, dass die Entscheidungsinstanzen sich nicht der Willkür schuldig machen, wenn sie Mittel neu verteilen? Wohl doch am ehesten hochqualifizierte Wissenschafter selbst. Das System der *Beurteilung durch seinesgleichen* hat sich weltweit bewährt bei der Finanzierung von Projekten durch Dritte. An der ETH sind wir im Begriff, das System auch für hochschuleigene Projekte anzuwenden. Wir versprechen uns von dieser Praxis eine Erhöhung des Wirkungsgrades unserer Mittel. Sollten die Zahlen stimmen, die ich vorhin erwähnt habe, dann wird nach unserer Überzeugung Rationalisierung und Umstrukturierung allein den Wirkungsgrad unserer Mittel aber nicht dergestalt erhöhen, dass das reale Manko wettgemacht wird. Noch viel weniger könnten wir durch Rationalisierung allein die Mittel freimachen, die für die Erfüllung neuer Aufgaben nötig würden. Wenn wir also an der Hochschule einige *neue Aufgaben* übernehmen wollen – und ich bin der Meinung, wir müssen es wollen –, dann kann dies *nur unter Verzicht auf die Weiterführung einiger bestehender Tätigkeiten* geschehen: der taktische Planer muss jetzt Einsicht und Mut haben, einzelne bestehende Tätigkeiten in ihrer Entwicklung mit einem negativen Vorzeichen zu versehen.

Nun noch meine persönliche Meinung zur Frage, wen die Hochschulplanung betreffen soll. Ich glaube, es ist unerlässlich, dass sich *an dieser Planung alle Hochschulen der Schweiz beteiligen.* Es wird immer Wissensgebiete geben, die in Forschung und Lehre besonders aufwendig und anspruchsvoll sind. Unser Land wird es sich nicht leisten können, etwa die moderne Teilchenphysik oder die Elektronenmikroskopie höchster Auflösung an jeder Hochschule so auszustatten, dass erstklassige Ausbildung und Forschung möglich sind. Können wir uns zweitklassige Arbeit leisten? Es wird immer Gebiete geben, die vergleichsweise wenig Studenten anziehen. Es ist dann weder intellektuell sinnvoll noch rationell, an vielen Hochschulen je ein Grüppchen auszubilden. Ich halte es für richtig, wenn jetzt z. B. angestrebt wird, die fünf kleinen Pharmazieschulen der Schweiz auf zwei Standorte zu konzentrieren.

Hochschulkoordination ist dann sinnvoll, wenn sie akademische Vorteile bringt. Manchmal wird sie auch Einsparungen ermöglichen. Was jetzt einsetzen muss, ist eine intensive Suche nach akademisch sinnvoller Koordination in der Schweiz. Jede Hochschule, auch die im Aargau und im Kanton Luzern geplanten, brauchen dazu leistungsfähige Planungsorganisationen und einen klaren Entscheidungsablauf. Das meint der UNESCO-Bericht unter anderem, wenn er fordert, die Universitäten müssten danach trachten, modernere Führungsmethoden anzuwenden.

Hochschulplanung ist schwierig. Für das Land ist sie Investitionsplanung par excellence und verdient deshalb ganz besondere Pflege.

2.5   Technische Mikrobiologie[1]

Wenn man weiss, dass auf der Welt mit biotechnologischen Methoden jährlich Tausende von Tonnen Antibiotika produziert werden, kann man die Bedeutung der Biotechnologie für die Menschheit bereits einstufen. Der Eindruck verstärkt sich, wenn man in Forschungskatalogen biotechnologischer Laboratorien vor allem von Japan, aber auch von Deutschland, einigen andern europäischen Ländern und den Vereinigten Staaten blättert.

Biosynthesen laufen bei relativ niedrigen Temperaturen und Drücken ab. Mikroorganismen, aber auch pflanzliche, tierische und menschliche Gewebe und Zellen führen in vielen Fällen komplizierte Reaktionen in vitro selbst durch, deren organisch-chemische Reproduktion zeitraubend und apparativ und damit finanziell und energetisch bedeutend aufwendiger wäre. Bereits sind auch Verfahren bekannt, welche die epochalen Erkenntnisse der Molekularbiologie, der Biochemie, der Genetik und der Zellbiologie der letzten Jahrzehnte ausnützen und Biokatalysatoren aus Zellen isolieren, an Träger binden und präparativ zum Einsatz bringen für komplizierte Synthesen. Bioreaktoren werden entwickelt, Apparate der Verfahrenstechnik, in denen biologische Prozesse gesteuert ablaufen, zur grossmaßstäblichen Produktion von Intermediärprodukten des Stoffwechsels mit pharmazeutischer Bedeutung, von Eiweissen für die Ernährung für Mensch und Tier, von Pestiziden. Und weiter werden mikrobiologische Verfahren im grössten Maßstab bei Abwasserreinigung und Abbau von Abfall eingesetzt.

In der Schweiz ist bisher vergleichsweise wenig biotechnologische Forschung betrieben worden. Immerhin hat an der ETHZ die Zusammenarbeit von Mikrobiologen und technischen Chemikern in den letzten Jahren zu Ergebnissen geführt, die bereits internationale Anerkennung gefunden haben. Heute liegt nun ein Entwicklungsprojekt vor, das die Forschung in Biotechnologie an der ETHZ auszubauen zum Ziele hat und gleichzeitig – wie könnte es anders sein – durch ein neuartiges Ausbildungsprogramm das wissenschaftliche Kader in diesem Gebiet ausbilden will. Der Plan ist begleitet von Vorschlägen über

1 Eröffnung der Tagung «Mikrobiologie in Forschung und Praxis» am 25. Oktober 1974 in Zürich.

die personelle, räumliche, apparative und finanzielle Dotierung des
Projekts.

Das Vorhaben ist nicht das einzige, das in den letzten Monaten
der Schulleitung eingereicht wurde. Auch Kollegen aus den Bauinge-
nieurwissenschaften, der Elektrotechnik, der Materialforschung, der
Pharmazie, der Landwirtschaft – um nur einige wenige zu nennen –
haben Entwicklungspläne über ihre Unterrichts- und Forschungspro-
gramme angekündigt. Diese Dynamik ist erfreulich und keineswegs neu
in der Geschichte unserer Hochschule. Neu hingegen ist die Tatsache,
dass für die Realisierung der Projekte seitens der Hochschule keine
zusätzlichen Mittel zur Verfügung stehen werden. Ja, wir müssen heute
annehmen, dass wir in den nächsten 5 Jahren die realen finanziellen
Aufwendungen an der ETHZ gegenüber dem Ist-Zustand werden
abbauen müssen. Wir wissen zudem mit Sicherheit, dass die Einstellung
zusätzlichen Personals während mindestens 3 Jahren völlig und auf eine
weitere Zeitspanne praktisch unmöglich sein wird. Grundsätzlich glaube ich, dass neue Projekte trotz diesen finanziellen Hindernissen in
Angriff genommen werden können durch die kombinierte Anwendung
eines bewährten und zweier neuer Verfahren. Mit dem bewährten
Verfahren meine ich die Mitfinanzierung durch Dritte, etwa den
Nationalfonds oder die Industrie. Ein neues Verfahren bestünde darin,
dass das gesuchstellende Institut teilweise oder gänzlich auf seine
bisherige Tätigkeit verzichtet und die verfügbaren Mittel teilweise oder
gänzlich dem neuen Projekt zuführt. Das zweite neue Verfahren
schliesslich bestünde darin, dass eine andere Organisationseinheit als
das projektierende Institut einen Teil seiner Tätigkeit zugunsten des
neuen Projekts im andern Institut einstellte und damit Mittel, d.h.
Räume, Personal und Geld, für die neue Aktivität des andern Instituts
zur Umgruppierung freimachte. Dieses letzte Verfahren dürfte sich im
allgemeinen nicht ohne zumindest ermunternde Beeinflussung durch
die Schulleitung realisieren lassen. In den wenigen Fällen, wo sie in den
letzten Monaten an unserer Hochschule schon praktiziert wurde, ist sie
auf erheblichen Widerstand seitens der Spenderinstitute gestossen. Ich
möchte hier darauf hinweisen, dass die Schulleitung eine solche Massnahme nicht ergreift, ohne sich vorher nach bestem Wissen und Gewissen von der akademischen Überlegenheit des Projekts überzeugt zu
haben. Ein Führungsinstrument, das sie zu diesem Zweck einsetzt, ist
die schuleigene Forschungskommission, die alle neuen Forschungsvorhaben auf ihre wissenschaftliche Qualität mit grösster Gründlichkeit

untersucht. Ich bin zuversichtlich, dass die Schule Verständnis hat für die neue Situation und in kollegialer Weise zur Lösung der schwierigen hochschulpolitischen Probleme beitragen wird.

Den Referenten dieser Tagung, die die Biotechnologie aus wissenschaftlicher, wirtschaftlicher und forschungspolitischer Sicht beurteilen werden, bin ich dankbar dafür, dass sie uns die Gelegenheit geben, erneut ins Bild gesetzt zu werden über den Stellenwert, den sie als ausgewiesene Fachleute diesem Wissenszweig beimessen.

2.6 Oder Technische Biologie[1]?

Wir haben die Absicht, das Gebiet der Biotechnologie an der ETHZ zu fördern. Schon früh hat der Schweizerische Wissenschaftsrat sich dahin geäussert, dass dieser Bereich an der Nahtstelle von Biologie, Verfahrenstechnik und Regeltechnik in der Schweiz auszubauen sei. Unser Mikrobiologisches Institut hat in der Folge einen Bericht über Gestalt und Umfang eines entsprechenden Zentrums ausgearbeitet, der auf Stufe ETH und auch auf der Stufe des Schweizerischen Schulrates erörtert wurde. Inzwischen hat der Schulrat im Rahmen der Dozentenplanung für die Jahre 1978–1980 die Schaffung einer weiteren Professur auf diesem Gebiet befürwortet. Im Rahmen der sogenannten Baubotschaft 77 hat sodann der Bundesrat den eidgenössischen Räten ein Bauvorhaben unterbreitet. das eine Erweiterung des Raumangebots und Verbesserung des Raumsortiments zur Realisierung dieser Entwicklungsidee unserer Hochschule darstellt. Wir sind zuversichtlich, dass sowohl die Besetzung der Professur als auch die Schaffung der notwendigen Räumlichkeiten fristgemäss erfolgen kann, das letztere um so mehr, als die bestehende Bio-Engineering-Gruppe der ETHZ zurzeit in Räumlichkeiten tätig sein muss, deren Arbeitsbedingungen an der unteren Grenze des Zumutbaren liegen.

Wenn somit die äusseren Gegebenheiten für die Verwirklichung unseres Förderungsziels bald einmal vorhanden sein dürften, so ist doch die Detailumschreibung und Abgrenzung des Vorhabens gegenüber verwandten Tätigkeiten unserer Hochschule noch nicht in allen Punkten klar. Die Technische Biologie, oder man könnte sie vielleicht als

1 Eröffnung des Weiterbildungskurses über Biotechnologie für Forschungsleiter aus Wirtschaft und Hochschulen an der ETHZ am 21. November 1977.

Ingenieurbiologie bezeichnen, steht ja auf mindestens drei Beinen: einem biologischen, einem verfahrenstechnischen und einem regeltechnischen. Diese Komponenten erscheinen auch im Kursprogramm dieses Weiterbildungskurses. Die Frage ist somit berechtigt, ob sich z.B. ein Ausbildungsgang für Biotechnologen oder Ingenieurbiologen grundsätzlich aus der Biologie heraus oder aus dem Maschineningenieurwesen heraus aufbauen solle. Das Problem ist keineswegs neu, stellt es sich doch immer dann, wenn eine Technische Hochschule eine neue Brücke zwischen Naturwissenschaften und Ingenieurwissenschaften schlagen will. Eine weitere, offene Frage stellt sich in bezug auf die Spannweite der neuen Tätigkeit. Soll sich unsere Biotechnologie der Zukunft schwergewichtig auf der biologischen Verfahrenstechnik im Maßstab der Fermentatoren oder Bio-Reaktoren zur Gewinnung ausgewählter Stoffwechselprodukte abspielen, oder soll sie bewusst die Problematik sehr grossmaßstäblicher Prozesse, etwa der Abwasserreinigung, mit einbeziehen? Gerade in Disziplinen, in denen ein klares Korrelat eines Berufsbildes aus der Praxis noch fehlt, wäre im Interesse der späteren Berufsaussichten unserer Absolventen eine möglichst breite Ausbildung anzustreben. Wenn wir also eine grosse Spannweite in Betracht zögen, müsste eine enge Tuchfühlung mit der Eidgenössischen Anstalt für Wasserversorgung, Abwasserreinigung und Gewässerschutz (EAWAG) erwogen werden. Politisch dürfte ausser Frage stehen, dass Anliegen des Gewässerschutzes zu den zentralen Anliegen unseres Landes gehören, und wissenschaftlich dürfte ebenso unbestritten sein, dass biologische Verfahrenstechniken in der Lösung von Abwasserproblemen eine wichtige Rolle spielen.

Eine andere, nicht wissenschaftliche, aber eher verwaltungstechnische Frage ist ebenfalls noch offen: die Frage nach der Dotation der ins Auge gefassten Tätigkeit mit Mitteln. Wir müssen leider davon ausgehen, dass der Personalbestand der ETHZ noch während mehrerer Jahre nicht vergrössert werden kann. Trotzdem müssen wir Wege finden, für die neue Tätigkeit die nötigen zusätzlichen Mittel freizuspielen. Einen Weg dazu haben wir schon mehrfach beschritten und werden wir nach Möglichkeit auch zur Lösung dieses Problems beschreiten: den Weg über eine sinnvolle Arbeitsteilung mit der Universität Zürich. Zwar glaube ich nicht, dass die früher formulierte Vision einer Biologieschule beider Hochschulen realistisch ist. Die Biologie ist sowohl für die Universität als auch für die ETH für so viele Bereiche wichtig geworden, dass beide Hochschulen ihre eigene Biologie brauchen, genauso wie sie ihre eigene Mathematik, Physik und Chemie brauchen. Hingegen halte ich dafür, dass eine sinnvolle Arbeitsteilung auch im Bereich der Biologie auf dem Platz Zürich möglich ist, in dem Sinne etwa, dass die ETH langfristig sich der Belange der Technischen Biologie annimmt unter Verzicht auf einzelne andere Tätigkeiten, die von der Biologie der Universität übernommen werden müssten. So ist auch der Beschluss des Schulrates auf Schliessung des Zoologischen Instituts der ETHZ zu verstehen.

2.7   Science vs. Engineering[1]

Some say that the difference between engineers and scientists is that engineers do things, scientists explain them. This distinction is certainly oversimplified. But at Institutes of Technology the difference, whatever it is, leads to differences of opinion. Should a professor in the field of corrosion of materials used in the construction of buildings be grouped with electrochemists in the chemistry department, or with civil engineers in civil engineering? (By grouped I am not primarily referring to the question of physical proximity, but of academic background and interest.) Should civil engineering students receive their training in corrosion by a man whose heart and skill is in chemistry or by one whose heart and skill is in engineering?

Both solutions have been tried, and both have advantages and disadvantages. The engineer teaching corrosion chemistry to civil engineering students runs the risk of losing touch with real – in the sense of scientific – electrochemistry. The electrochemist teaching civil engineering students corrosion chemistry runs the risk of speaking in the clouds.

I do not know whether a generalizing answer to this problem exists. All I know is that the problem exists at many such interfaces between science and application, in my field of genetics for example at the interface between genetics and animal breeding.

It would be a shame if breeders received their genetics training by an agronomist who had lost touch with real genetics when he left the university. It would also be a shame, on the other hand, if this training

1 Eröffnung der Tagung der International Society of Electrochemistry am 6. September 1976 in Zürich

were given by a top molecular biologist who had never really experienced the practical problems of farming and animal breeding.

The problem of interaction between scientists and engineers is most pronounced in those areas where the turnover of valid knowledge in science is particularly rapid. But even in these cases the problem can be largely overcome, I believe, by a very simple recipe, namely conversation. Both scientists and engineers should learn better to talk to one another. This statement is not to be taken as supporting the fashionable postulate of interdisciplinarity in basic training; I believe strongly that interdisciplinarity must mean collaboration between specialists each thoroughly trained in a given discipline. But the statement is to support a growing mutual concern and respect, by scientists and engineers for their respective problems, and a readiness for collaboration.

In this sense I am hopeful that your gathering will not remain restricted to electrochemistry as a science in its own right, but radiate into related fields of application such as the production and refinery of metals, energy storage and conversion, electro-analysis all the way to bio-electrochemistry.

2.8   Brücken zwischen Natur- und Ingenieurwissenschaften[1]

Technische Hochschulen sind dazu prädestiniert, einen Brückenschlag zwischen Ingenieurwissenschaften und Naturwissenschaften zu ermöglichen. Damit aus einer solchen Wechselwirkung der beiden grossen Bereiche in Lehre und Forschung auch wirklich Vorteile erwachsen, genügt es nicht, die Brücke zu schlagen; sie muss auch beschritten werden. Es genügte also nicht, wenn an der ETHZ nebeneinander Fachbereiche in Ingenieurwissenschaften und solche in Naturwissenschaften beständen. Vielmehr ist es nötig, dass diese Fachbereiche über ihre Grenzen hinaus Zusammenarbeit pflegen. Die Struktur der ETHZ schafft hiefür bestmögliche Voraussetzungen, sind doch Mitglieder eines bestimmten Instituts oft Mitglieder verschiedener Abteilungen. Ein Professor hat also die Möglichkeit, als Lehrer Zuhörerschaft aus ganz verschiedenen Bereichen anzusprechen. Die Rück-

---

1 Aus «Forschung und Technik in der Schweiz», S. 71–76. Hrsg. M. Cosandey und H. Ursprung. Haupt, Bern, 1978.

koppelung seiner Lehrerlebnisse kann ihm unendlich hilfreich sein für die Entwicklung eines Verständnisses für die Anliegen der verschiedenen Bereiche und kann ihn überdies stimulieren, auch in der Forschung Kontakte mit andern Bereichen zu pflegen, in Form von Zusammenarbeit mit andern Instituten.

Die Hochschulleitung kann und will diesen Vorgang nicht forcieren, schon gar nicht erzwingen; aber sie soll ihn erleichtern. Ich meine, er wird zurzeit noch zu wenig gepflegt. Das ist mir zum ersten Mal so recht bewusst geworden, als wir im Vorfeld der Nationalen Programme mögliche Inhalte solcher Programme erwogen. Eines davon hiess in jenem Konzeptstadium «Materialforschung». Es war betrüblich, feststellen zu müssen, wie wenig unsere Ingenieur-Materialwissenschafter von den materialwissenschaftlichen Arbeiten unserer Festkörperphysiker wussten und umgekehrt.

Diese Beobachtung steht nicht isoliert da. In einer ganzen Anzahl von Fällen kann man erkennen, dass der Naturwissenschafter für seine Forschungsarbeit profitieren könnte, wenn er die Sorgen und Bedürfnisse der Kollegen in den Ingenieurwissenschaften kennen würde. Und umgekehrt würde hin und wieder ein Ingenieur weniger lang eine hoffnungslose Spur verfolgen, wenn der Naturwissenschafter ihm von der Theorie her helfen könnte. Aus der Vielzahl solcher Beobachtungen und Überlegungen bin ich zum Schluss gekommen, dass ein *gemeinsamer Nenner der Zukunftsanforderungen an Lehre und Forschung der ETHZ die Forderung nach vermehrter Zusammenarbeit von Ingenieur- und Naturwissenschaften* sein wird. Ich möchte ein mögliches Missverständnis gerade zu Beginn aus dem Weg räumen: Ich plädiere nicht für Interdisziplinarität in Lehre und Forschung in dem Sinn, dass ein Individuum im Studium alles lernen und im Beruf alles können solle; ich halte das für eine Utopie. Im Gegenteil: Nach wie vor soll der Student in einer Fachdisziplin geschult werden; als Fachmann wird er in der Regel für eine lange Zeit auf der entsprechenden Sparte tätig bleiben. Aber ich plädiere dafür, dass Fachleute der einen Disziplin sich vermehrt auch für die Tätigkeit von Fachleuten anderer Disziplinen interessieren und gegebenenfalls gemeinsame Projekte bearbeiten. Man kann solche Fähigkeiten zu sinnvoller Interdisziplinarität durchaus auf Hochschulstufe schulen, vor allem in Nachdiplomstudien und beim Doktorieren. Was könnte aus einer bewussten Förderung dieses Gedankens resultieren? Welche bestehenden oder voraussehbaren Forderungen an unsere Lehre und Forschung könnten erfüllt werden? Im folgenden versuche ich, auf dem Hintergrund meines beschränkten Sachverstandes, aber Überblicks über die Forschungstätigkeit der ETHZ, diese Fragen skizzenhaft zu beantworten, und zwar gebündelt nach Fachbereichen, die eine gewisse Kohärenz aufweisen.

Der Bereich des Bauens

Die am Bauen beteiligten Ingenieure und Architekten werden in der nächsten Zukunft gehalten sein, vermehrt und vertieft zusammenzuarbeiten. Seit dem sprunghaften Anstieg des Energiebewusstseins in unserem Volk wird der Auftraggeber im Bauwesen mehr als zuvor wissen wollen, wie es um den Energiehaushalt seiner Bauvorhaben bestellt ist. Das steigende Kostenbewusstsein wird zudem – besonders im Falle von Grossaufträgen – vermehrtes Wissen im Bereich von Bauplanung, Baumanagement und der Verfahrenstechnik des Bauens verlangen. Ich könnte mir vorstellen, dass der Architekt der Zukunft die Rolle des Heizungs- und Lüftungsingenieurs oder des Bauverfahrensingenieurs nicht mehr als blosse Akzessorien seiner entwerferischen Tätigkeit betrachten darf, sondern als integrierenden Teil seiner Tätigkeit anerkennen muss. Ja es ist denkbar, dass der Entwerfer der Zukunft die Vorgaben der Hochbautechnik, der Statik, der Bauphysik und der Bauverfahrenstechnik als Rahmen anerkennen muss, in den der Entwurf sich einordnen muss, statt umgekehrt. Das heutige Selbstverständnis vieler Entwerfenden, im wahren Zentrum des Baugeschehens zu stehen, müsste kritisch überdacht werden, mit dem gezeigten Vektor als möglicher Entwicklungsrichtung.

Ob und wie weitgehend eine solche Akzentverschiebung eintritt, wird die Praxis bestimmen, die hier diktieren dürfte. Für die Hochschule bedeutet es, dass *unsere Architekten und Ingenieure den Dialog suchen und finden müssen.* Für unsere Architekten bedeutet das, dass sie zahlreicher als bisher ihr Gebiet auch in andern Richtungen als heute forschend, erklärend, fragend pflegen. Unsere Ansätze zu einer Theorie der Architektur sind interessant, und für besonders vielversprechend halte ich das Vorhaben einer profunden Forschung in hochbautechnischer und ganz allgemein bauphysikalischer Richtung. Ich meine, gerade das zuletzt genannte Gebiet könnte profitieren, wenn es seine Fühler schon bald zu den Materialwissenschaftern der Bauingenieure, der Maschineningenieure, ja der Chemiker und Physiker ausstreckte – ein möglicher Brückenschlag.

Maschinenbau und Elektrotechnik

In diesen beiden Bereichen des Marks unserer Hochschule dürfte die Herausforderung seitens der Öffentlichkeit geradezu dramatische Ausmasse erreichen. Unser Volk will eine Antwort auf die Energiefrage, und zwar nicht nur eine Antwort der Wirtschaft, die auf so zuverlässige Art die Energieversorgung unseres Landes sichergestellt hat, und nicht nur eine Antwort von den Ämtern des Bundes, der Kantone und der Gemeinden, sondern auch eine Antwort von unserer Hochschule. Unser Volk begnügt sich auf die Dauer nicht damit, eloquent vorgetragene Prognosen zu hören oder über vage Visionen einer völlig andern Welt zu lesen. Unser Volk will greifbare Lösungsvorschläge diskutieren und handfeste Lösungen kaufen können. Unsere Politiker werden sich nicht damit begnügen, den Schlussbericht der Kommission für ein Gesamtenergiekonzept zu diskutieren. Sie werden dafür sorgen, dass die nötigen Schlussfolgerungen gezogen und implementiert werden. Es ist allerhöchste Zeit, dass unsere Hochschule *vor allem im Bereich der elektrischen Energietechnik, aber auch in energietechnikbezogenen Bereichen des Maschinenbaus ihre Kräfte ergänzt*, gruppiert und bereit ist, streng nach Zweckartikel des ETH-Gesetzes in den Dienst der Öffentlichkeit zu treten. Der Einsatz ist nicht nur nötig im Hinblick auf die dringende Lösung unserer nationalen Energieprobleme. Er wird sich auch als vertrauenshebend erweisen für unsere Hochschule und damit das Hochschulwesen überhaupt.

Physik, Chemie und Erdwissenschaften

Gibt es einen gemeinsamen Nenner für die Herausforderung der Naturwissenschafter durch unsere Ingenieure? Ich glaube, er findet sich im Begriff des *Materials* oder *Werkstoffs*. Wenn in der Vergangenheit die Werkstoffkunde eine vorwiegend empirische, materialprüfende Ingenieurwissenschaft gewesen ist, so muss sie sich jetzt weiter entwickeln in Richtung einer erklärenden Naturwissenschaft, synthetisch, ja theoretisch tätig. Wäre es für den Ingenieur nicht grossartig, wenn er die Anforderung an seine Werkstoffe dem Naturwissenschafter vorgeben könnte und dieser dann die nötigen Materialien aufgrund einer Theorie herstellen könnte? Es bestehen vielversprechende Ansätze hiezu an unserer Hochschule. Ich glaube, wir müssen sie verstärken sowohl auf der Seite der Metalle als auch bei den anorganisch-nichtmetallischen Werkstoffen. Zusammen mit den Kunststoffen wären dann an unserer Hochschule die wichtigsten Materialkategorien Gegenstand von Lehre und Forschung auch von Naturwissenschaftern. Anwendung solcher Erkenntnisse auf der Seite unserer Maschinenbauer, Elektroingenieure, Bauphysiker und biomedizinischen Techniker könnte ungeahnte Möglichkeiten eröffnen – ein anderer Brückenschlag.

Biologie, Land- und Forstwirtschaft, Kulturingenieur- und Vermessungswesen

Die epochalen Erkenntnisse der fünfziger und sechziger Jahre durch Molekularbiologie und Genetik hatten eine ungeheure Sogwirkung auf Biologiestudienwillige in diese streng wissenschaftliche Richtung der Biologie. Fast unvermeidbar ging mit dieser Entwicklung eine gewisse Entfremdung der Biologie von ihren Kundengebieten einher, z. B. der Land- und Forstwirtschaft. Lässt sich eine neue Konvergenz anbahnen? Ich glaube, ja. Die «erfolgreiche» Biologie hat so viel eigene Schwungkraft, dass sie ihren Weg zu einer theoretischen Biologie von selbst machen wird. Aber nicht der ganze anfallende Biologenberg wird die hiefür nötige quantitative Begabung haben. Die vielen qualitativ und quantitativ ausgewogen Begabten werden nicht alle in der herkömmlichen oder klassischen Biologie der grünen Wissenschaften untergebracht werden können. Sie könnten aber eine wichtige Lücke füllen, die die Hochschule aufzeigen muss: das grosse Gebiet, das ich als Ingenieurbiologie bezeichnen möchte, das vielleicht treffender und sicher gängiger als *technische Biologie oder biologische Verfahrenstechnik* bezeichnet wird. Dazu gehört einmal die Fermentationstechnologie im breitesten Sinne, welche Organismen oder deren Teile in verfahrenstechnischem Ansatz für Synthesen oder Abbau von Stoffen einsetzt. Ich möchte, unkonventionell, die Technologie der biologischen Abwässerreinigung hinzurechnen, und auch die Methoden der grossmaßstäblichen Zellkulturen zu verfahrenstechnischen Zwecken. Ja man kann in einem weiteren Sinne die technische Bodenmikrobiologie und selbst den Siedlungswasserbau, also ökologische Belange der Landwirte und der Kulturingenieure, dazurechnen und vielleicht sogar die somatische Genetik mit ihren möglichen Anwendungsbereichen in Land- und Forstwirtschaft. (Wohl wissend, dass der Begriff «technische Ökologie» nicht in allen Ohren wohl klingt, erwähne ich ihn hier nur in Klammern. Es dürfte indessen nicht wegzudiskutieren sein, dass wirkungsvoller Umweltschutz grossmaßstäblicher technischer Massnahmen bedarf.)

Was charakterisiert den Ingenieurbiologen? Er versteht Biologie, vor allem Mikrobiologie, Verfahrenstechnik und Regelungstechnik samt der dazugehörenden Informatik und Computertechnik. Wer der beste Ingenieurbiologe wird, ob der Biologe, der sich Kenntnisse in jenen andern Gebieten aneignet, oder der maschinenbauende Verfahrenstechniker, der sich in Biologie und Computerwissenschaften weiterbildet, ist offen. Überzeugt bin ich davon, dass unser Land schon in naher Zukunft technische Biologen brauchen wird. Sollen solche morgen zur Verfügung stehen, müssen wir uns heute an die Schaffung der entsprechenden Studienpläne machen.

Schlussbetrachtungen

Ich verzichte bewusst darauf, in der vorliegenden Skizze über mögliche Zukunftsforderungen mit dem feinen Kamm durch die Tätigkeit in Lehre und Forschung all unserer Hochschulinstitute zu gehen. Das Gros der Tätigkeitsbereiche unserer heutigen Institute wird auch in Zukunft für unser Land nötig und wichtig sein. Die Skizze stellt vielmehr grosskarierte Eindrücke eines nicht ganz betriebsblinden Laien dar, der die Geschehnisse in der Umwelt unserer Technischen Hochschule aufmerksam verfolgt und sich Gedanken macht, welche *neuen* Tätigkeiten wichtig werden. Ich möchte diese Absicht zum Schluss dadurch verstärken, dass ich versuche, die Zahl der Schwerpunkte der Zukunft abermals zu verringern. *Gemeinsames Anliegen meiner Forderung nach vermehrter Tätigkeit in Bauphysik und Bauverfahrenstechnik, Energietechnik und Materialforschung ist eine Verstärkung und vor allem Verwissenschaftlichung von Tätigkeiten, die an unseren Ingenieurabteilungen bereits gepflegt werden. Der komplementäre Begriff zu jenem der Verwissenschaftlichung von Ingenieurtätigkeiten ist sprachlich nicht zu verantworten, sonst würde ich ihn als gemeinsames Anliegen meiner Forderung nach Verstärkung in technischer Biologie und Ökologie anwenden: Hier geht es doch darum, der Naturwissenschaft Biologie eine starke Ingenieurkomponente zu geben.* In diesen Schlussbetrachtungen soll auch eine formelle Note nicht fehlen. Ich glaube daran, dass Forschung planbar ist. Genau wie jeder Experimentator seine Versuchsanordnung planen muss, kann auch die Institution als Trägerin von Forschungtätigkeit Richtung und Ausmass von Forschung und Lehre planen. Solche planerische Tätigkeit braucht sich in keiner Weise als die Forschungsfreiheit des einzelnen beschneidend zu erweisen – im Gegenteil: Sie kann neue Möglichkeiten zur Wahrnehmung von Forschungsfreiheit eröffnen. Wenn wir davon sprechen, den Plan zu verfolgen, Materialforschung zu fördern, so äussert sich das darin, dass auf diesem Gebiet (statt auf einem andern) Professuren eingerichtet werden. Die vielzitierte Unplanbarkeit von Forschung ist nach meiner Meinung darauf beschränkt, dass sich, per definitionem, die *Ergebnisse* von Forschungstätigkeiten nicht planen lassen. Aber die Forschungstätigkeit und damit die Forschungsförderung ist planbar.

2.9   Möglichkeiten und Grenzen der Forschungsplanung und Forschungskoordination an Hochschulen Über Pflicht und Kür in der Forschung[1]

Die Präsidenten der Technischen Hochschulen Lausanne und Zürich sind verantwortlich für die Koordination der Forschungstätigkeit innerhalb ihrer Hochschule. Sie sind zuständig für die Zuteilung der Mittel an die Forschungsinstitute, also des Personals, der Räumlichkeiten, der Kredite, soweit sie aus Bundesmitteln stammen. Mit ihren Stäben sind die Präsidenten in diesem Sinne Vollzugsorgane einer Forschungspolitik, die insofern durch den Schweizerischen Schulrat formuliert wird, als dieser über Gründungen von Forschungsinstituten und Schaffung von Professuren beschliesst.

Die ETH-Präsidenten sind gleichzeitig Vizepräsidenten des Schulrates und daher mitverantwortlich für die Forschungspolitik des Schulrates in bezug auf die sogenannten Annexanstalten, also das Schweizerische Institut für Nuklearforschung (SIN), das Eidgenössische Institut für Reaktorforschung (EIR), die Eidgenössische Anstalt für Wasserversorgung, Abwasserreinigung und Gewässerschutz (EAWAG), die Eidgenössische Materialprüfungs- und Versuchsanstalt (EMPA) und die Eidgenössische Anstalt für das forstliche Versuchswesen (EAFV). Sie sind insofern an der Formulierung einer Forschungspolitik auch der Annexanstalten beteiligt, als ihnen bei der Aufstellung des jährlichen Budgets und der Beratung der Zielsetzung eine Stimme zukommt.

Wenn ich also heute über das Thema «Möglichkeiten und Grenzen der Forschungsplanung und Forschungskoordination an Hochschulen» spreche, dann tue ich es aus der Sicht des Praktikers, der bei der

---

1 Referat an der Klausursitzung des Schweizerischen Wissenschaftsrates am 31.Oktober/1.November 1974 in Rive Reine, Vevey.

Erarbeitung der Forschungspolitik eines Bereichs mitarbeitet, der zwei Hochschulen und ihre Annexanstalten umspannt (Schulratsbereich), und dann des Praktikers, der im Rahmen einer Einzelhochschule täglich mit der Problematik der Mittelzuteilung konfrontiert ist (ETHZ). Ich werde das Thema anhand einiger Fallstudien behandeln.

Zwei Begriffe möchte ich der Diskussion voranstellen: die *aktive Forschungspolitik,* bei der die Oberbehörde im Versuch einer Steuerung der Forschungstätigkeit ihrer Vollzugsinstitute die Initiative ergreift; und die *reaktive Forschungspolitik,* bei der die Oberbehörde aus einem Gesuchskatalog, der ihr von den gesuchstellenden Instituten und Professoren spontan zugespielt wird, Auslesen treffen muss.

1. Eine Fallstudie aktiver Forschungspolitik: der Reaktor «Diorit»

Der Forschungsreaktor Diorit ist einer von zwei Forschungsreaktoren des EIR in Würenlingen. Vor etwa 2 Jahren haben Gespräche zwischen dem Departement des Innern, dem Schulrat, dem EIR, dessen Beratender Kommission und verschiedenen Industrien zum Schluss geführt, dass die Forschung im EIR in Richtung der Hochtemperaturreaktoren mit Heliumturbine grosser Leistung (HHT) verschoben werden sollte. Dazu erhielt das EIR weitere Aufgaben, z. B. die Ausbildung von Strahlenschutzexperten. Für den Direktor des EIR bedeutete das neue Pflichtenheft, dass sein Institut zusätzliche Leistungen erbringen musste, ohne hierfür zusätzliche Mittel zu erhalten, in einer Zeit des Rückgangs des Personalzuwachses bzw. des Personalstopps. Der Direktor des EIR stellt nun fest, dass er für die Erfüllung der institutseigenen Aufgaben den Forschungsreaktor Diorit gar nicht mehr benötigte, ja dass er einen Teil der dioritgebundenen Mittel mit Vorteil für seine neuen Aufgaben einsetzen könnte.

Nun war aber der Forschungsreaktor Diorit bislang nicht allein für das EIR von Bedeutung, sondern auch für eine ganze Reihe von Forschungsgruppen der ETHZ und anderer schweizerischer Hochschulen, die die Neutronen, die dieses Instrument liefert, u. a. für materialwissenschaftliche Grundlagenforschung benützten. Diese Forschergruppen waren beunruhigt, als die Möglichkeit erwogen wurde, den Forschungsreaktor Diorit im Betrieb einzustellen.

Der Schulrat schlug in dieser Situation eine Reihe von Alternativen vor, die in den betroffenen Kreisen zur Vernehmlassung gebracht wurden:

a) Der Diorit wird im Betrieb eingestellt, wobei die Arbeitsgruppen ihre Forschung am zweiten Reaktor, dem «Saphir», durchführen müssten (der allerdings aus verschiedenen Gründen für Grundlagenforschung weniger geeignet schien);

b) der Diorit wird weiter betrieben, aber mindestens zur Hälfte zulasten der Benützerorganisationen, hauptsächlich der ETHZ (konkret bedeutete dieser Vorschlag, dass die ETHZ an den Betrieb des Diorits 15 Mannjahre und 1,5 Millionen Franken Betriebsmittel pro Jahr aufwenden müsste);

c) dem EIR wird die Verpflichtung auferlegt, zugunsten der Forschergruppen des Landes den Diorit in eigener Regie weiterzubetreiben.

Wie zu erwarten war, sprachen sich die Benützergruppen gegen Variante a und für Variante c aus (die sie nichts kostet); das EIR selbst lehnte Variante c ab und bevorzugte die Varianten a oder b.

Die Realisierbarkeit der Variante b war davon abhängig, dass die ETHZ in der Lage wäre, 15 Mannjahre und 1,5 Millionen Franken für den Betrieb des Diorits zur Verfügung zu stellen. Das schuleigene Führungsinstrument für Fragen der Forschung, die Forschungskommission[2], überprüfte die Qualität unserer bisherigen dioritbezogenen Forschung und äusserte sich zur Frage der Bedeutung dieser Forschung für materialwissenschaftliche Grundlagenforschung. Die Kommission dokumentierte überzeugend, dass die Qualität sehr hoch sei und dass für gewisse Fragestellungen die Methode der Neutronenstreuung am Diorit unentbehrlich sei. Es stand somit fest, dass die *absolute* Bedeutung der dioritbezogenen Forschung hoch einzuschätzen war. Hingegen hatte sich die Forschungskommission nicht zur Frage nach der *relativen* Bedeutung dieser Methode geäussert, relativ im Vergleich zu andern Methoden der materialwissenschaftlichen Forschung und im noch weiteren Sinne relativ im Vergleich zu andern Forschungsvorhaben an unserer Schule. Diese beiden übergeordneten Fragen sind aber auch sehr viel schwieriger zu beantworten. Ich habe in dieser Situation

---

2 Die Forschungskommission der ETHZ besteht aus 15-18 Mitgliedern. Sie wird vom Delegierten des Rektors für die Forschung von Amtes wegen präsidiert. Die übrigen Mitglieder werden von der Schulleitung ernannt. Wählbar sind fachlich kompetente Wissenschafter, die sich über eine erfolgreiche Forschungstätigkeit ausweisen können und deren wissenschaftliches Interesse über ihr eigenes Lehr- und Forschungsgebiet hinausreicht.

versucht, eine Antwort dadurch zu erhalten, dass ich den hauptsächlichen Benützergruppen die Frage anders stellte: «Auf welche jetzigen Forschungstätigkeiten verzichten Sie, damit Sie die 15 Mannjahre und die 1,5 Millionen Franken pro Jahr freimachen können in der Annahme, dass nur unter dieser Bedingung der Schulrat dem Weiterbetrieb des Diorits zustimmen könnte?» Auf diese Frage erklärten die Hauptbenützergruppen, sie seien nicht bereit, auf irgendein jetzt gepflegtes Gebiet zu verzichten. Diese Antwort kann zweierlei bedeuten. Sie kann bedeuten, dass die Benützergruppen den relativen Wert der dioritbezogenen Forschung niedriger einstufen als jenen ihrer übrigen Tätigkeit, oder sie kann bedeuten, dass die Benützergruppen gar nicht mit der Möglichkeit rechnen, dass der Schulrat sich zur Ausserbetriebsetzung des Diorits entschliessen könnte.

(Der Entscheid in dieser Sache ist am 8. November 1974 gefallen: der Diorit wird im Betrieb eingestellt.)

Dieser Entscheid des Schulrates ist ein Beispiel einer *aktiven Forschungspolitik*, indem durch den Willen der Oberbehörde Forschungsvorhaben – u.a. das HHT-Projekt – im Bereich einer Annexanstalt gefördert werden, zulasten anderer Forschungsvorhaben an der ETHZ, u.a. eines Teils der materialwissenschaftlichen Grundlagenforschung.

2. Fallstudie reaktiver Forschungspolitik: Projekt Biotechnologie

Die Mikrobiologen der ETHZ schlagen vor, die Biotechnologie an unserer Schule zu etablieren. Es geht in dieser Wissenschaft darum, Verfahren zu entwickeln für die biologisch-technische Herstellung etwa von Antibiotika, Eiweissen, Intermediärprodukten. Das Projekt bedingt erheblichen personellen, finanziellen und auch baulichen Aufwand. Es ist eines von vielen neuen Forschungsvorhaben, die laufend aus Kreisen der Professorenschaft an die Schulleitung herangetragen werden; diese muss sich – *reaktiv* – mit dem Problem der Realisierungsmöglichkeit auseinandersetzen. Wir gehen bei der Behandlung solcher Vorhaben so vor, dass zunächst die schuleigene Forschungskommission das Projekt auf seine wissenschaftliche Qualität untersucht.

Im Falle der Empfehlung auf Gutheissung stellt sich für die Schulleitung die Frage, wie das Projekt vom Gesichtspunkt der nötigen Dotation realisiert werden kann. In dieser Phase wird die Leitung eine aktive Haltung einnehmen müssen. Wir müssen nämlich davon ausgehen, dass die verfügbaren Mittel in den Jahren 1975-1979 real abnehmen werden[3]. Ein neues Projekt kann somit aus schuleigenen Mitteln grundsätzlich nur durch Verzicht auf ein bestehendes Projekt realisiert werden. Wir müssen das Trägerinstitut auffordern, zugunsten des neuen Vorhabens auf die Weiterführung bestehender Vorhaben ganz oder teilweise zu verzichten, oder wir müssen andere Institute fragen, ob sie zugunsten des neuen Vorhabens im Trägerinstitut ihre Tätigkeit einschränken könnten. Hier ergeben sich nun ganz klar die Grenzen der aktiven Forschungspolitik: Es ist praktisch nicht möglich, die Forschungstätigkeit aller Institute vergleichend auf ihre Qualität hin zu untersuchen. Wegen dieser Schwierigkeit läuft die Leitung hier Gefahr, der Willkür angeklagt und schuldig befunden zu werden, wenn sie Mittel umgruppiert.

Sollte die Empfehlung der Forschungskommission auf Ablehnung stossen, dann müsste die Schulleitung sich die Frage stellen, ob das Projekt wegen seiner grossen nationalen Bedeutung nicht trotzdem gefördert werden sollte. Im vorliegenden Fall besteht kein Zweifel, dass gesamtschweizerisch ein Nachholbedarf für biotechnologische Forschung und Entwicklung besteht. Die Frage stellt sich aber, ob ein Projekt gefördert werden solle, nur weil es vom Thema her einem nationalen Bedürfnis entspricht, selbst dann, wenn das konkrete Vorhaben wissenschaftlich als schwach oder wenigstens als nicht sehr überzeugend taxiert werden sollte. Hier haben wir es mit einer sehr schwierigen Grenze der Möglichkeit der Forschungsplanung zu tun, weil dem Ermessen des Entscheidungsträgers ausserordentlich grosses Gewicht zukommt.

3. Eine Fallstudie aktiver Forschungspolitik: Umwelttoxikologie

1969 wurde im Nationalrat eine Motion eingereicht, welche die Schaffung eines Toxikologischen Instituts an der ETHZ zum Gegenstand hatte. Der Chef des Eidgenössischen Departements des Innern (EDI) nahm diese Motion entgegen, und der Schulrat wurde mit der Vorbereitungsarbeit beauftragt. Der Schulrat beschloss im Januar 1972

---

3 Ausgaben für Unterricht und Forschung werden im Bundeshaushalt als Investitionen angesehen und in Form von Rahmenplänen finanziert. Die für die nächsten 5 Jahre im Schulratsbereich angenommene Wachstumsrate von etwa 5% im Jahr bedeutet wegen der zu erwartenden Teuerung eine Verringerung des Realwerts dieser Mittel.

die Gründung des Instituts und ermächtigte den ETH-Präsidenten, die entsprechende Professur auszuschreiben. Die Verwirklichung auch dieses Projekts fällt in die Phase der beschränkten Mittel. Wegen der ganz klaren Forderung durch das Parlament war es aber für die Vollzugsorgane relativ einfach, das Projekt voranzutreiben. Es gelang, mit Mitteln der öffentlichen Hand das hierfür nötige Gebäude zu erwerben, und es ist auch schulintern vergleichsweise einfach, finanzielle Mittel für dieses Vorhaben abzuzweigen, deshalb nämlich, weil der Wille des Parlaments für dieses Sondervorhaben klar formuliert worden war. Praktisch auf sehr grosse Schwierigkeiten stösst die Lösung des Personalproblems. Das neue Institut könnte schulintern nur durch Umteilung von Personal mit den nötigen Mitarbeitern dotiert werden. Begreiflicherweise bäumt sich hier ein Widerstand auf mit dem Argument, das Parlament dürfe einer Hochschule nicht einfach neue Aufgaben überbürden, ohne die hierfür nötigen Mittel zu bewilligen.

Dieser nur ganz kurz skizzierte Fall ist ein Beispiel einer *aktiven Forschungspolitik in Reinkultur.* Das Beispiel zeigt gleichzeitig, dass die Realisierung eines solchen Vorhabens vom Moment der Beschlussfassung im Parlament bis zur Ausführung in der Grössenordnung von 5 Jahren gebraucht hat und jetzt, trotz sorgfältiger Planung, möglicherweise an der Mittelbegrenzung scheitert.

Was können wir aus diesen Fallstudien lernen?

Koordination und Planung von Forschungstätigkeit an Hochschulen ist für die Vollzugsorgane um so leichter, je klarer und konkreter die Ziele durch den Entscheidungsträger formuliert werden. Ganz klare Willenserklärungen, wie im Falle der Toxikologie, lösen bei den Vollzugsorganen eine Kaskade von Massnahmen aus, die ein Projekt zielstrebig realisieren lassen. *Je vager anderseits die Zielbeschreibung des Entscheidungsträgers, desto schwieriger sind Koordination und Planung bei einer solchen «Forschungspolitik», die dann reaktiv wird.* Als extremes Beispiel ist die Willenserklärung des Parlaments zu werten, zur Unterstützung der Grundlagenforschung durch den Nationalfonds bestimmte Beträge zur Verfügung zu stellen.

Ich möchte hier ein mögliches Missverständnis im Keime ersticken: Wenn ich behaupte, Planung und Koordination seien durch eine aktive Forschungspolitik besonders leicht zu realisieren und bei einer reaktiven Forschungspolitik besonders schwierig, dann will ich damit nicht sagen, eine aktive Forschungspolitik sei besser als eine reaktive.

Mit der Qualität der Ergebnisse hat diese Unterscheidung gar nichts zu tun. Sie hat vor allem deshalb damit gar nichts zu tun, weil wir in der Forschungsplanung und Koordination die Forscher nicht vergessen dürfen. *Letztlich hängt das Ergebnis von Forschungstätigkeit von den Forschern ab, und nur von den Forschern.* Wenn sie sich nämlich durch die Haltung des Entscheidungsträgers – sei sie besonders aktiv oder besonders reaktiv – über Gebühr bedrängt fühlen, werden sie nicht die Leistungen erbringen, die von ihnen erhofft werden. Sie werden immer, und mit Recht, auf die Forschungsfreiheit pochen, die sie als unabdingbare Voraussetzung für eine erfolgreiche, originelle Forschungsarbeit ansehen.

Ich möchte hier kurz auf die Frage eingehen, ob die aktive Forschungspolitik die Forschungsfreiheit begrenze und ob nicht dieser Umstand eine weitere Grenze der Möglichkeit der Planung und Koordination bilde. Ich zitiere hier aus einem Rechtsgutachten, das der Generalsekretär der ETHZ zuhanden des Schulrates zum Thema Forschungsfreiheit erstellt hat[4]:

«Die Freiheit der Forschung kann zu den von der Bundesverfassung geschützten Freiheitsrechten gezählt werden, auch wenn sie nicht ausdrücklich erwähnt ist. Die Ausübung der Freiheitsrechte kann aber von der Verfassung nicht schrankenlos gewährleistet werden. Forschungsfreiheit stösst auf *natürliche Grenzen*, die sich aus dem Zusammentreffen der Anliegen mehrerer Träger dieses Freiheitsrechtes und aus der Rücksicht auf andere gewichtige Gemeinschaftsinteressen ergeben. Die Inangriffnahme von Forschungsvorhaben setzt in der Regel eine entsprechende Ausstattung des Forschers mit Personal, Raum, Einrichtungen und Finanzen voraus. Über die Bewilligung der erforderlichen Mittel entscheidet der Staat im Rahmen der Budgets. Aus der Forschungsfreiheit lässt sich kein Anspruch des einzelnen Forschers auf Dotierung ableiten. Das Freiheitsrecht begründet an sich noch keinen Anspruch auf staatliche Leistung. In sämtlichen Wahlurkunden der Professoren der ETHZ steht der Satz: ‹Der Professor hat das seine Professur umschreibende Fachgebiet *nach Möglichkeit forschend zu fördern.*› In dieser Formulierung liegt unter anderem der selbstverständliche Vorbehalt begründet, dass der Staat überhaupt in der Lage ist, für eine ausreichende Forschungsausstattung zu sorgen.»

4 Aus dem Protokoll des Schweizerischen Schulrates, 1974, S. 1537ff. Verfasser: Dr. H. R. Denzler, Generalsekretär der ETHZ.

Wenn aus diesem Gutachten auch klar hervorgeht, dass die Forschungsfreiheit nicht ein Recht auf Mittelzuteilung beinhaltet, so muss doch klar zur Kenntnis genommen werden, dass mir ihr ein Recht auf Methodenwahl und eine volle Gestaltungsfreiheit einer Forschungstätigkeit im Rahmen der Mittel gemeint ist, und diese Gestaltungsfreiheit ist sicher Voraussetzung für erfolgreiche Forschungstätigkeit.

Zum Schluss möchte ich aus der Sicht des Praktikers meine persönliche Meinung über Möglichkeiten und Grenzen der Forschungsplanung und Koordination formulieren. Dazu möchte ich nochmals zwei Begriffe einführen, die ich bisher nicht verwendet habe:

Es gibt Forschungsvorhaben, deren Vernachlässigung aller Voraussicht nach für das menschliche Wohlergehen irreversible Nachteile hätte. Als Beispiel erwähne ich die Forschung zum Schutze der Gewässer. Ich möchte solche Forschung als *Pflichtforschung* bezeichnen. Es gibt Forschung, deren Vernachlässigung für das menschliche Wohlergehen aller Voraussicht nach keine irreversiblen Nachteile hätte. Als Beispiel möchte ich Forschung über insulinartige Substanzen bei seltenen Tiefseefischen erwähnen. Solche Forschung könnte als *Kürforschung* bezeichnet werden. Ich möchte jetzt die These wagen, dass Pflichtforschung dringender sei (im zeitlichen Sinn) als Kürforschung. Von diesen Voraussetzungen ausgehend, glaube ich, dass folgende Kombination von Massnahmen den grössten Wirkungsgrad der Forschungsmittel herbeiführen würde:

1. Der Entscheidungsträger ringt sich zu einer klaren Willensäusserung auf Gebieten der Pflichtforschung durch, scheidet für deren Bewältigung eine definierte Summe von Mitteln aus und schreibt die Probleme im freien Wettbewerb zur Bearbeitung aus. Ein Ad-hoc-Gremium von Fachexperten beurteilt die Qualität der eingehenden Lösungsvorschläge und berät den Entscheidungsträger, welche Wettbewerbsteilnehmer Mittel erhalten und welche Wettbewerbsteilnehmer keine Mittel erhalten sollen. Dieses Verfahren eignet sich für das nationale Niveau und wird ja mit dem Konzept der nationalen Programme angestrebt; es eignet sich aber ebensogut auf dem Niveau der einzelnen Hochschule. In beiden Fällen ist dann die Koordination neuer Forschungsvorhaben des Bereichs der Pflichtforschung *auf dem Wege über die Zuteilung oder Verweigerung von Mitteln optimal garantiert.* An der ETHZ wenden wir ab 1975 diese Methode insofern an, als wir einen Teil unserer Kredite für die Finanzierung konkreter Projekte einsetzen, deren wissenschaftliche Qualität durch die Forschungskommission be-

urteilt wird. Ja, für eine bestimmte Tranche des Kredits geben wir sogar das Rahmenthema von Projekten an: die sogenannte «Umweltmillion», die für die Finanzierung von interdisziplinären Forschungsvorhaben im Bereich der Umweltwissenschaften reserviert ist.

2. Der Entscheidungsträger sondert eine Tranche der Forschungsmittel aus für die *Kürforschung*. Dabei werden die spontan eintreffenden Forschungsvorhaben von Expertenkommissionen begutachtet und nach Massgabe ihrer wissenschaftlichen Qualität und der verfügbaren Mittel realisiert.

3. Der Entscheidungsträger befindet über die *relativen Anteile von Mitteln*, die für die Unterstützung von *Pflichtforschung* bzw. *Kürforschung* eingesetzt werden sollen. Er sorgt für eine angemessene Aufteilung dieser Mittel.

Ich glaube zwar nicht, dass dieses Vorgehen rasch zum Erfolg führen wird. Ich zweifle vor allem am Wirkungsgrad der gezielten Förderung der Pflichtforschung, und zwar deshalb, weil viele Forscher in unserem Lande, gerade an den Hochschulen, der Idee des Wettbewerbs mit Skepsis begegnen. Diese Haltung ist insofern verständlich, als ein grosser Teil der Hochschule Forschung als ein Hilfsmittel dem Lebendigerhalten der Lehrtätigkeit dient und nicht primär darauf ausgerichtet ist, gezielt zum Wohlergehen der Menschheit beizutragen. Ich bin aber zuversichtlich, dass wir begeisterungsfähige Forscherequipen in genügend grosser Zahl haben, die im Laufe der kommenden Jahre auf eine vermehrte aktive Forschungspolitik positiv ansprechen werden. Man wird dann die jetzt eher bescheidene Tranche der Mittel für Nationale Programme erhöhen wollen und damit eine wirkungsvolle aktive Forschungspolitik zum Tragen bringen.

2.10 Leitungsstruktur und Forschungsförderung an der ETHZ[1]

Es ist mir aufgetragen worden, Sie über die *neue Leitungsstruktur der ETHZ* und über die *Entscheidungsabläufe bei der Beurteilung von Forschungsprojekten* an unserer Hochschule zu informieren.

---

1 Einführungsreferat an der Sitzung der Nationalrätlichen und der Ständerätlichen Kommissionen für Wissenschaft und Forschung am 26./27. Februar 1975 in Zürich (ETH-Hönggerberg).

Die Notwendigkeit einer neuen Leitungsstruktur ergab sich zunächst aus einem gewaltigen *Wachstum* der ETH. Sehr deutlich kommt dieses Wachstum zum Ausdruck, wenn man die Studierendenzahlen seit 1950 betrachtet, besonders zwischen 1960 und 1970 (Fig. 1). Im gleichen Jahrzehnt hat auch die Zahl der Lehrenden stark zugenommen (Fig. 2).

Entwicklung der Zahl der Studierenden

	1950	1960	1970	1974
Gesamthaft	3199	4245 $\overset{!}{\rightarrow}$ 6776		6996
Davon Doktoranden	k.A.¹)	296 $\overset{!}{\rightarrow}$ 976		1139

¹) Keine Angaben   Fig. 1

Entwicklung des Lehrkörpers

	1950	1960	1973
Professoren	106	138 $\overset{!}{\rightarrow}$ 255	
Assistenten	235	321 $\overset{!}{\rightarrow}$ 906	

Fig. 2

Mit der Zunahme der Studierenden und des Lehrkörpers haben sich die finanziellen Aufwendungen vergrössert (Fig. 3), und ist es nötig geworden, auch das Raumangebot massiv zu erweitern. Ins Gewicht bei dieser Vergrösserung des Bauvolumens fällt besonders der Hönggerberg, auf dem 1950 noch keine Hochschulbauten standen, wo aber jetzt respek-

table zusätzliche Bruttogeschossflächen zur Verfügung stehen oder bald
zur Verfügung stehen werden.

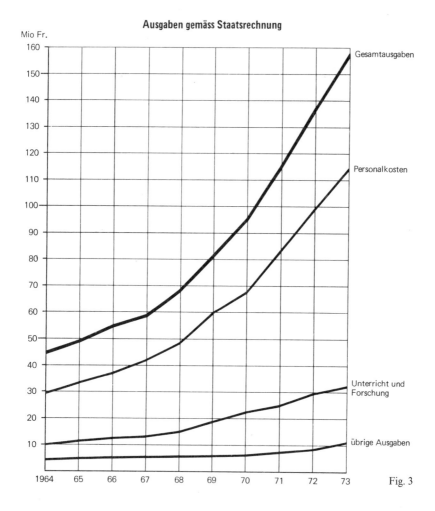

Fig. 3

Die Vergrösserung brachte auch eine *Komplizierung* des Betriebs.
Für die grösseren Studentenzahlen wurden *immer differenziertere Lehr-
angebote* entwickelt. Die Zunahme der Doktorandenzahl komplizierte
und verteuerte den apparativen Aufwand in den Instituten, und

schliesslich darf man nicht unterschätzen, was die Einführung des Mitsprachegedankens in der Übergangsregelung an zusätzlichen Gremien, Konsultationswegen und damit Auswertungsbedürfnissen schuf.

Die Reformkommission der ETH, in der Professoren, Assistenten, Studenten und Personal vertreten sind, hat denn auch früh eine gründliche Revision der Leitungsstruktur angeregt. Verschiedene Entwürfe sind durch die Reformkommission, aber auch durch die Zentralstelle für Organisationsfragen der Bundesverwaltung und das Betriebswissenschaftliche Institut der ETH durchdiskutiert worden und haben zum Ergebnis geführt, das Sie in Figur 4 sehen.

Die Übergangsregelung übertrug die Leitung der EPFL und der ETHZ je einem vollamtlichen Präsidenten, der noch heute de iure allein verantwortlich ist für die Leitung und Verwaltung seiner Hochschule. Der Schulrat hat ein grosses Sortiment von Entscheidungskompetenzen an die beiden ETH-Präsidenten delegiert, was zu einem ausserordentlich umfangreichen Pflichtenheft der Präsidenten führte. Neu an der Leitungsstruktur, die am 1. Oktober 1973 in Kraft getreten ist, ist der *Begriff der kollegialen Schulleitung*, eines Kollegialgremiums, bestehend aus dem Präsidenten, dem Rektor und dem Betriebsdirektor. Wahlbehörde für Präsident und Betriebsdirektor ist der Bundesrat, für den Rektor die Gesamtkonferenz der Professoren. Der Schulleitung beigegeben ist ein Stab mit einem Generalsekretariat und je einer Stabsstelle für die Planung, die Forschung, die Reform und die Information. Dem Rektor beigegeben sind drei nebenamtliche Delegierte (amtierende Professoren): der Delegierte für Studienorganisation, der Delegierte für Studienfragen, der sich hauptsächlich um Lehrinhalte der Unterrichtseinheiten bzw. Abteilungen kümmert, und der Delegierte für Forschung, über dessen Funktion wir noch mehr hören werden. Der Betriebsdirektor verfügt über eine Stabsstelle Betriebskoordination und über zwei Verwaltungsabteilungen: die Abteilung für Finanzen und Personal und die Abteilung für Bauten und Technische Dienste. Weiter sind ihm unterstellt drei Dienstleistungsbetriebe: die Bibliothek, das Rechenzentrum und das Fernheizkraftwerk. Mit diesen Stabs- und Linienorganen teilt sich die Schulleitung in die Bewältigung des umfangreichen Pflichtenheftes, das früher weitgehend allein Sache des Präsidenten war. Ziel der Tätigkeit dieses Leitungs- und Verwaltungsapparats ist es, die betrieblichen Voraussetzungen zu schaffen, damit die Abteilungen, Institute und Professuren ihre Aufgaben in Unterricht und Forschung erfüllen können.

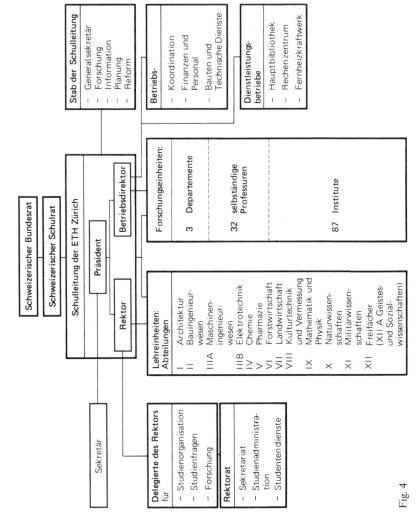

ETH ZÜRICH: LEITUNGSSTRUKTUR

Fig. 4

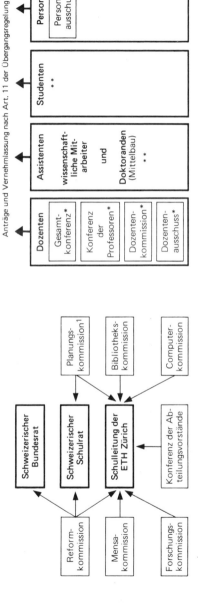

Fig. 4 (Forts.)

Über den akademischen Gehalt dieser *Tätigkeit bestimmen die Abteilungen und die Institute weitgehend selbst.* So beantragen z.B. die Abteilungsräte, die aus Professoren, Assistenten und Studenten zusammengesetzt sind, dem Schulrat die Studienpläne und Prüfungspläne zum Erlass.

Über die Gestaltung der akademischen Arbeitsprogramme der Institute komme ich jetzt im zweiten Teil des Referats zu sprechen, nämlich zum Thema «Entscheidungsablauf in der Forschung». Eine zentrale Rolle spielt dabei die Institutsleitung. Im Rahmen der ordentlichen Institutskredite bestimmt sie die Forschungstätigkeit, deren Programm durch den Institutsrat beraten wird, in welchem Professoren, Assistenten und Personal vertreten sind. Im Rahmen der ordentlichen Mittel sind also die Institute völlig autonom: Sie können über die ihnen zugeteilten Personalstellen, Kredite und Räume verfügen.

Zusätzliche Vorhaben, wie apparativer Ausbau oder Beginn neuer Forschungsprojekte, die den Rahmen der ordentlichen Mittel sprengen, wurden früher durch sogenannte ausserordentliche Kredite mehr oder weniger auf Wunsch der Institute ermöglicht. Seit Beginn dieses Jahres ist dieses Vorgehen hauptsächlich aus Gründen der Kreditrestriktionen nicht mehr möglich. Vielmehr hat die Schulleitung die gesamte Kreditmasse, die nicht für ordentliche Kredite aufgewendet werden muss, zentral in der Hand behalten. Aus dieser Kreditmasse werden nun über den Weg der sogenannten *Projektfinanzierung* konkrete Forschungsprojekte der Institute unterstützt. Auch in dieser Abfolge (Fig. 5) kommt der Institutsleitung eine zentrale Stellung zu. Sie entwirft die Konzepte und stellt Anträge nach Beratung mit dem Institutsrat, und die Anträge gelangen dann zur Begutachtung an die *Forschungskommission.* Diese ist das zentrale Führungsinstrument für die Begutachtung von Forschungsprojekten von Angehörigen der ETHZ. Sie besteht aus 15–18 Mitgliedern. Sie wird vom Delegierten des Rektors für Forschung von Amtes wegen präsidiert.

Beigegeben ist ihr die Stabsstelle für Forschung der Schulleitung für administrative Belange. Die Forschungskommission ist frei, auch auswärtige Gutachter für die Beurteilung der ihr unterbreiteten Anträge beizuziehen. Die Mitglieder der Forschungskommission werden von der Schulleitung ernannt. Wählbar sind fachlich kompetente Wissenschafter, die sich über eine erfolgreiche Forschungstätigkeit ausweisen können und deren wissenschaftliches Interesse über ihr eigenes Forschungs- und Lehrgebiet hinausreicht. Die Mitberichte der Forschungskommission

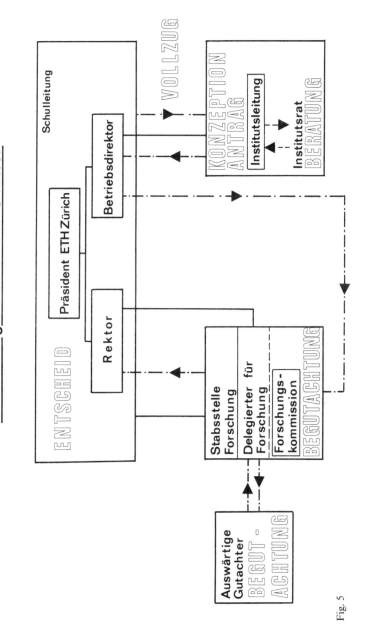

ETHZ : Entscheidungsablauf bei Forschungsprojekten im Rahmen der verfügbaren Bundesmittel

Fig. 5

gehen zusammen mit den Anträgen an die Schulleitung zum Entscheid, und die Mittelzuteilung und allfällige betriebliche Direktiven erfolgen dann über die Betriebsdirektion.

Entscheidend in diesem Ablauf ist der Umstand, dass eine Forschungskommission aus lauter Wissenschaftern sich über die Qualität von Projekten anderer Wissenschafter äussert. Ich bin überzeugt, dass nur dieses System sich langfristig wirklich bewähren wird. Es hat sich auf nationaler Ebene in grossen Ländern jahrelang bewährt. Es hat einmal den grossen Vorteil, dass die Beurteilung der Qualität von Projekten von sachkundigen Fachleuten vorgenommen wird, und zum zweiten, dass die Urteile über Projekte von den Betroffenen mit mehr Verständnis akzeptiert werden, falls sie von ihresgleichen vorbereitet wurden. Das heisst nun allerdings nicht, dass die Forschungskommission Entscheidungsträger ist; der Entscheid über Bewilligung oder Ablehnung – und im Falle der Bewilligung über das Ausmass der finanziellen Unterstützung – liegt bei der Schulleitung, die letztlich dafür verantwortlich ist, dass innerhalb der Schule eine sinnvolle Verteilung der verfügbaren Mittel zustande kommt. Wir haben uns denn auch in der bisherigen Praxis nicht immer an die Empfehlungen der Forschungskommission gehalten bzw. halten können. In Klammer sei vermerkt, dass der Arbeitsanfall für die Forschungskommission beträchtlich ist. Am 15. März dieses Jahres wird sie ein volles Jahr im Amt gewesen sein. Sie hatte bis Ende 1974 33 Forschungsgesuche im Gesamtbetrag von 5,11 Millionen Franken zu begutachten. Davon hat sie 20 Gesuche im Betrag von 2,47 Millionen Franken zur Genehmigung empfohlen; die Schulleitung ist ihren Anträgen in 31 Fällen gefolgt, in 2 Fällen nicht.

Die Forschungskommission nimmt auch Stellung zu längerfristigen Entwicklungsplänen von Instituten, insbesondere zu Forschungsvorhaben, die mit erheblichen finanziellen Aufwendungen verbunden sind. In den ersten 9 Monaten ihres Bestehens hat sie sich zu vier Grossprojekten aus den Bereichen Elektrotechnik, Entomologie, Mikrobiologie und Reaktorwesen geäussert, und zwar zu Aufwendungen von über 15 Millionen Franken und 60 Mannjahren.

In diesem Entscheidungsablauf nimmt die Schulleitung im wesentlichen eine reaktive Haltung ein, indem sie auf spontan eingegangene Forschungsvorhaben eintritt und sie entweder gutheisst oder ablehnt. Wir versuchen in jüngster Zeit in vermehrtem Masse auch eine aktive Haltung einzunehmen, indem für einen gewissen Anteil unserer Mittel eine Zielsetzung deklariert wird. Vor einigen Jahren ist eine gemischte Kommission eingesetzt worden, die zur Überzeugung kam, es seien interdisziplinäre Forschungsvorhaben über den Problemkreis Umwelt gezielt zu fördern. Die Schulleitung hat entsprechend diesem Antrag 1975 eine Million Franken für die Unterstützung solcher Forschungsvorhaben reserviert. In diesem Fall müssen sich zwei oder mehrere Institute gemeinsam zur Bearbeitung eines umweltbezogenen Problems entschliessen, ihre Projekte konzipieren, beantragen und der Forschungskommission zur Begutachtung der Qualität unterbreiten. Der Entscheidungsablauf ist identisch mit jenem der herkömmlichen Projektfinanzierung mit dem Unterschied, dass die Zielsetzung nicht primär in den Instituten, sondern beim Entscheidungsträger formuliert wird. Auf schweizerischer Ebene wird dasselbe angestrebt am Beispiel der sogenannten «Nationalen Programme», deren Thematik ja vom Bundesrat erlassen werden soll. Wir haben in der Schweiz wenig Erfahrung zur Frage des relativen Erfolgs von aktiver oder reaktiver Forschungspolitik. Es will aber scheinen, dass eine sorgfältige Abwägung der Mittel für diese beiden Kategorien von Forschungsunterstützung dazu beitragen wird, schon in naher Zukunft den Wirkungsgrad des knapper werdenden Forschungsfrankens zu erhöhen.

Ich glaube, dass wir in unserer Schule auf dem besten Weg sind, mit Hilfe einer betriebswissenschaftlich als zweckmässig und einfach erkannten Leitungsstruktur, ferner mit Hilfe des Einbezugs vieler Angehöriger der Schule auch dieses Ziel zu erreichen.

2.11 Ausbau und Halten der Qualität[1]

Die bauliche Entwicklung der ETHZ vermochte mit dem rapiden Wachstum der Hochschule vor allem im Jahrzehnt 1960–1970 nicht Schritt zu halten. Es erwies sich als nötig, die damalige äusserst prekäre Raumnot durch eine grosse Zahl von *Mietverhältnissen auf dem ganzen Stadtgebiet* zu lindern. Noch heute wendet die ETHZ jedes Jahr über eine Million Franken für Mietzinse auf. Einzelne Liegenschaften konnten auch käuflich erworben werden.

---

[1] Notizen zur Diskussion der «Teuerungsbotschaft» in der Nationalrätlichen Kommission für Wissenschaft und Forschung am 9./10. Februar 1976 in Zürich (ETH-Hönggerberg).

Schon in der Botschaft 1959 wurde der Standort ETH-Zentrum als «Zwangsjackensituation» geschildert. Die Annahmen für die Entwicklung der Studentenzahlen lauteten damals auf 6000, 1965 wurde schon mit 8000 gerechnet, in den Botschaften 1970 und 1972 gar mit 10000 Studenten. In der Tat hatten die Prognosen diese Entwicklung erwarten lassen. Insbesondere wurde erwartet, dass im Hinblick auf die Baukonjunktur mit einem hohen Anteil von Studenten und Personal der Bauingenieure zu rechnen sein werde. So entstanden die Pläne für die Neubauten für Bauwissenschaften auf dem Hönggerberg.

Bis 1970 entwickelten sich die Studentenzahlen gemäss den Prognosen. Sie stiegen aber dann kaum mehr an, und zudem verringerte sich der Anteil an Bauingenieurstudenten dauernd, während andere Abteilungen, vor allem jene der Land- und Forstingenieure, der Biologen, der Pharmazeuten und auch der Elektroingenieure, vermehrt Studenten anzuziehen vermochten. Es trat also eine gegenüber der Planung veränderte Situation ein: Die Gesamtzahl der Studenten veränderte sich nach 1970 kaum, aber die Anteile der Abteilungen verschoben sich laufend. Planerisch bestand noch immer die Absicht, die ETH über kurz oder lang auf den Stand von 10000 Studenten auszubauen. Aber die Realität: Stagnation der Studentenzahl und Situation der Bundesfinanzen liessen es nicht als richtig erscheinen, dieses Ziel mit unverändertem Tempo anzusteuern.

Was hat die Leitung der ETH in dieser völlig neuen Situation unternommen? Sie hat als *Interimskonzept* das Konzept des Vollausbaus durch eine *flexible Mittelbewirtschaftung* ersetzt, und zwar auf dem Sektor Personal, bei den Finanzen und auch bei den Bauten, die uns heute im Zusammenhang mit der Teuerungsbotschaft interessieren. Die Ausbauwünsche aller Abteilungen waren der Schulleitung bekannt, und weiter war ihr bekannt, dass der Neubau der Bauingenieure auf dem Hönggerberg erheblich grösser würde, als das für die Aufnahme der 1976 vorhandenen Studenten dieser Disziplin nötig ist. Hauptsächlich drei Bereiche der Hochschule hatten noch unerfüllte Ausbauwünsche: die Architekten, die Biologen, Landwirte und Förster und die Elektroingenieure. Die Schulleitung musste sich deshalb fragen, ob die Wünsche dieser Abteilungen unter Verzicht auf einen Neubau dadurch erfüllt werden könnten, dass neben den Bauingenieuren noch die eine oder andere dieser Abteilungen in die Neubauten auf dem Hönggerberg verlegt würden. Die Biologen kamen allerdings dafür nicht in Betracht: sie verlangen Laborgebäude mit hohem Sanitärinstallationsgrad; solche

Nachinstallationen waren im Ingenieurgebäude bautechnisch nicht mehr zu verwirklichen. Ähnliches galt für die Elektroingenieure; ihre Nachinstallationen hätten zusätzlich Millionenbeträge erfordert, und zudem war als Teil des für sie vorgesehenen Gesamtausbaus im Zentrum ein Neubau bereits erstellt und ein weiterer Bau vom Parlament bereits bewilligt worden. Es blieben die Architekten. Für sie war von jeher der Hönggerberg als Standort vorgesehen gewesen, und ihre Ansprüche an Installationen sind gering. Ihr Platzangebot im Zentrum war zudem nur noch befristet vorhanden, indem bekanntlich das Globus-Provisorium, in dem ein Teil dieser Abteilung untergebracht ist, von der Stadt für andere Zwecke zurückverlangt wird. Es kommt dazu, dass die Arbeit der Architekten eng mit jener der Bauingenieure verwandt ist. *Die Schulleitung entschloss sich aus allen diesen Gründen, die Abteilung für Architektur auf den Hönggerberg zu verlegen,* ohne dafür eine neue Baubotschaft erarbeiten zu brauchen. Durch diese Massnahme werden im ETH-Zentrum zusätzliche Flächen frei, die in den nächsten paar Jahren dazu verwendet werden sollen, die Ausbauwünsche weiterer Abteilungen vorübergehend zu befriedigen und weiter zahlreiche Splittergruppen aus Mietobjekten vom ganzen Stadtgebiet in das Hochschulzentrum zurückzunehmen. Das hat unverkennbare betriebliche und akademische Vorteile und ermöglicht uns endlich, die jährlich hohen Mietbetreffnisse abzubauen. Für die Entwicklung der Zentrumsabteilungen und die Rücknahme der Splittergruppen sind zunächst im Zentrum keine wesentlichen Neubauten nötig, hingegen müssen verschiedene Gebäude den Bedürfnissen dieser Abteilungen durch Umbauten technisch angepasst werden.

Diese *flexible Raumbewirtschaftung,* die zweifellos akademische Vorteile brachte und erhebliche Einsparungen zur Folge hat (z. B. Verzicht auf eine Botschaft für den Ausbau der Architekturabteilung), *liess sich indessen nicht ganz ohne Projektänderungen von Bauten durchführen,* die bereits in Ausführung sind. So erschien es nicht mehr tragbar, praktisch jedem Institut und den meisten Professuren der Bauwissenschaften in den Neubauten auf dem Hönggerberg eigene Bibliotheken mit z.T. eigenem Bibliothekspersonal zuzuteilen. Allein schon der Personalstopp zwang dazu, das übrigens in vielen führenden Hochschulen der Welt praktizierte System der grossen *Satellitenbibliothek* zu übernehmen. Es musste also während des Bauablaufs im Lehrgebäude der Ingenieure Raum für eine zentrale, grosse Bibliothek geschaffen werden. Dafür bot sich eines der Grossauditorien an, das in eine Bibliothek umfunktioniert wurde, was Kosten verursachte. Der Verzicht auf dieses Grossauditorium fiel übrigens nicht schwer, da man allgemein darauf tendiert, die Klassengrössen zu reduzieren, und da in der Überbauung Hönggerberg ein genügend grosses Angebot an grossen Hörsälen besteht. Im Zentrum war während der Bauarbeiten des neuen Mensagebäudes für den *Sport* eine prekäre Situation eingetreten, indem der Kanton Zürich die Miete von vier Turnhallen kündigen musste. Es wurde in der Folge möglich, noch vor Fertigstellung dieses Baus die projektierte *Mehrzweckhalle für den Einbau von drei Normalturnhallen* anders zu nutzen, wobei übrigens die drei Turnhallen technisch immer noch für Grossveranstaltungen nutzbar bleiben. Auch diese Anpassung an neue Verhältnisse führte zu Mehrkosten. In beiden Fällen, Bibliothek auf dem Hönggerberg und Turnhallen im Zentrum, sind wir der Meinung, dass es richtig ist, wenn die Bauherrschaft und die Baudirektion Anpassungen anordnet, statt stur an der Vollendung von Plänen festzuhalten, deren Zweckmässigkeit mit der Wirklichkeit nicht mehr übereinstimmt.

Das *Konzept der flexiblen Raumbewirtschaftung*, so bestechend es für den kostenbewussten Aussenseiter aussieht, *hat innerhalb der Hochschule nicht den ungeteilten Beifall von Professoren, Assistenten und Studenten gefunden.* Die Bauingenieure waren enttäuscht darüber, dass der räumliche Ausbau ihrer Abteilungen nicht so grosszügig ausfallen würde, wie sie es sich vorgestellt hatten; man muss allerdings wissen, dass sie dreimal mehr Raum haben werden in den Neubauten als bisher im ETH-Zentrum. Die Architekten schätzten es nicht, in ein Lehrgebäude verlegt zu werden, an dessen Gestaltung sie nicht aktiv hatten mitarbeiten können. Glücklicherweise haben sich die schulinternen Schwierigkeiten, die für eine Zeit auch nach aussen hörbar wurden, beilegen lassen.

Wir alle haben die Tendenz, eine Investitionstätigkeit hauptsächlich an den realisierten *Bauten* zu messen. Diese Haltung ist bei Hochschulbauten problematisch. Wir wollen ja nicht in erster Linie wissen, ob das Geld gut in die Bauten investiert wurde. *Vielmehr wollen wir wissen, ob die Investition die geforderten Voraussetzungen für erfolgreiche Lehre und Forschung schaffe.* Das ist bei den jetzt zur Diskussion stehenden Bauten in hohem Masse der Fall. Die Physiküberbauung hat es möglich gemacht, dank modernsten Hörsaaleinrichtungen ein differenziertes Angebot von Experimentalvorlesungen anzubieten, von dem alle Fachabteilungen auf ihre Weise Nutzen ziehen. Mit einem lächer-

lich geringen Personalbestand können ausgefeilte Experimentalvorlesungen einer erstaunlichen Vielfalt angeboten werden, ergänzt durch
Praktika im eigens dafür erstellten Praktikahochhaus, welche die weltweit bekannte Tradition von Professor Paul Scherrer hochhalten lassen.
Die Anlage gilt international als Musterbeispiel einer modernen Instal-
lation für die Lehre. Die angegliederten Forschungsinstitute für Theoretische Physik, Kernphysik, Biophysik, Festkörperphysik und Technische
Physik machen es möglich, die Tradition hervorragender Physikfor-
schung der ETH hochzuhalten, indem sie den allerhöchsten Ansprüchen
genügen. Vor dem Bundesrat liegt zurzeit ein Wahlantrag des Schulrates für die Berufung eines weiteren Physikprofessors von Weltrang. Die
Existenz der Physiküberbauung Hönggerberg und der nahen Annexanstalt SIN in Villigen spielten für diesen Mann eine grosse Rolle, als er
sich entschloss, an die ETH zu ziehen.

Dasselbe kann gesagt werden für die Chemiebauten im ETH-
Zentrum. Die kontinuierliche Qualität unserer Chemieforschung, die zu
sechs Nobelpreisen geführt hat, brauche ich nicht in Erinnerung zu
rufen. Die Einrichtung moderner Chemielabors macht es jetzt möglich,
auch auf neueren Gebieten der Chemie, etwa der Biochemie, neue
hervorragende Leistungen zu erbringen, die Studenten mit den modernsten Mitteln auszubilden und damit die Garantie zu erbringen, dass
unsere jungen Chemiker bestvorbereitet ihre Mitarbeit in der Industrie
beginnen können.

Das gleiche lässt sich sagen für die Erweiterungsbauten der
Elektroingenieure, die zwar noch nicht ganz abgeschlossen sind, aber es
schon heute erlauben, einem grossen Teil der vielen Studienwilligen in
diesem Bereich einen zweckmässig eingerichteten Arbeitsplatz anzubieten. Erwähnen möchte ich hier das Hochspannungslabor, das auf dem
Gebiet der elektrischen Energietechnik dank den neuen Einrichtungen
einen besonders wichtigen Beitrag zu aktuellen Problemen leisten kann.

Die eindrücklichen Neubauten der Bauwissenschaften ermöglichen es diesen endlich, die langersehnte Forschungsarbeit zu intensivieren und betrieblich rationeller an die Hand zu nehmen. Mussten bis
anhin die Grossversuche dieser Abteilung – und zwar im Hinblick auf
Forschung *und* Lehre – mehr oder weniger improvisiert in den Ver-
suchsanlagen der EMPA in Dübendorf durchgeführt werden, so wird
das nach Fertigstellung des Forschungsgebäudes und der Versuchshalle
direkt hier auf dem Hönggerberg möglich sein. Wir versprechen uns
sehr viel von diesen neuen Anlagen. Die Bauingenieurarbeit von ETH-

Professoren ist weit über die Landesgrenzen hinaus anerkannt und geschätzt. Dass dank der grossen Kapazität dieser Gebäude und dank ihrer flexiblen Bauweise auch die Architekten darin untergebracht werden konnten, betrachten wir akademisch als einen Vorteil. Auch in der Praxis besteht Tuchfühlung zwischen Ingenieur und Architekt, und es wäre schade gewesen, wenn diese Tuchfühlung durch eine räumliche Trennung erschwert worden wäre.

Die Ausbauten im Hauptgebäude (vor allem die grosse Hörsaalanlage in den früheren Lichthöfen) ermöglicht es, dieses Gebäude weiterhin als eigentliches *Lehrzentrum* zu verwenden. Dort finden alle Mathematikvorlesungen statt, die ja für alle Studierenden einer Technischen Hochschule fundamental sind, dann die Mechanikvorlesungen sowie ein reiches Lehrangebot der Geistes- und Sozialwissenschaften.

Durch die neue Feldstation in Lindau-Eschikon, die in enger Zusammenarbeit mit der Zürcher Landwirtschaftlichen Schule konzipiert wurde und betrieben wird, erhält die ETH neue Möglichkeiten der landwirtschaftlichen Forschung. Hauptsächlich das Institut für Pflanzenbau profitiert davon mit seinen Forschungen auf dem Gebiet der Schädlingsbekämpfung, des Anbaus im herkömmlichen Sinne, aber auch des biologischen Landbaus.

Eine Hochschule muss auch für das seelische, körperliche und leibliche Wohl ihrer Angehörigen etwas tun. Hier möchte ich die Wohnsiedlung Schauenbergstrasse, die Hochschulsportanlage Fluntern, die Sportanlage in der Polyterrasse und die grosse, neue Mensa im ETH-Zentrum besonders erwähnen.

Diese Aspekte, meine ich, sollten im Vordergrund der Betrachtungen Ihrer Kommission stehen: Was haben wir durch unsere Investitionen *möglich gemacht?*

2.12   Planung an der ETHZ [1]

Ich habe für die heutige Besprechung bewusst keine Traktandenliste verschickt. Was wir heute pflegen wollen, ist ein Gedankenaustausch, ein gegenseitiges Temperaturfühlen über die Problematik der Entwicklungsplanung unserer Hochschule.

1 Einführungsreferat zu einem Brainstorming der erweiterten Schulleitung am 14. April 1975.

Ich halte es für richtig, Sie einleitend über die Thematik dieser Aussprache zu orientieren. Die nächsten Jahre, vielleicht das nächste Jahrzehnt, werden unsere ETH in eine neue wissenschaftspolitische Landschaft stellen. Sowohl im neuen Forschungsgesetz als auch im neuen Hochschulförderungsgesetz und im Entwurf zum neuen ETH-Gesetz ist eine *Tendenz* unverkennbar, wonach die *Technischen Hochschulen mit ihren Annexanstalten vermehrt in eine gesamtschweizerische Wissenschaftspolitik eingeordnet* werden sollen. Aus der bekannten wirtschaftlichen Lage unseres Landes ergibt sich zudem mit Sicherheit für die kommenden Jahre für unsere Hochschule ein gebremstes Wachstum, wenn nicht sogar ein Nullwachstum oder ein Abbau der verfügbaren Mittel. Beide grossen Ereignisse, der vermehrte Koordinationszwang und der verminderte Mittelfluss, bergen die Gefahr der Nivellierung und des Absinkens der Qualität in sich. Dieser Gefahr gilt es zu begegnen.

Persönlich sehe ich nur einen Ausweg: Die Hochschule als Ganzes muss bewusster handeln, als das bisher der Fall war. Sie muss ihre Ziele bewusster und überzeugender formulieren. Sie muss vermehrt eine aktive Haltung einnehmen in der schweizerischen Wissenschaftspolitik. Sie muss ihrer Oberbehörde, dem Schulrat, die nötige geistige Munition in die Hand spielen, damit dieser in die Lage versetzt wird, bei der Formulierung der eidgenössischen Wissenschaftspolitik sein ganzes Gewicht bestimmend in die Waagschale zu werfen. Dabei darf man nicht unterschätzen, dass der Schulratsbereich über mehr als ein Viertel der Forschungsaufwendungen des Bundes autonom verfügt. Es ist also nicht richtig, dass der Schulratsbereich sich z. B. im Falle der Nationalen Programme passiv damit begnügt, die auf diesem Weg freiwerdenden Mittel in seinen Schulen und Annexanstalten zum Einsatz zu bringen. Vielmehr wäre anzustreben, dass der Schulrat an der Zielsetzung der Nationalen Programme auf der Ebene Bundesrat aktiv mitgestaltete. Das kann er aber nur, wenn seine grossen Organisationseinheiten, also die Technischen Hochschulen und die Annexanstalten, ihre eigenen Teilziele so präzis wie möglich formulieren und bekanntgeben.

In der heutigen Besprechung geht es darum, Lösungsvorschläge für das *Verfahren* bei der Formulierung solcher Zielvorstellung zu erarbeiten. Ich kenne zwei extreme Möglichkeiten und einen Mittelweg:

Extrem 1: *Die Basis plant*
Den Proponenten dieser Lösung schwebt ein Hochschulparlament

vor, welches aus einer Überfülle von Ideen der Forschungsträger und Unterrichtsträger in völliger Transparenz Leitbilder erarbeitet. Der Vorteil dieses Systems ist evident: Die Quelle der Gedankenfülle wird nie versiegen, es wird stets ein Überfluss an konkreten Einzelvorstellungen bestehen. Der Nachteil ist ebenso evident: Es besteht eine grosse Gefahr der Politisierung, der Abkehr vom Niveau des hochschulwürdigen Arguments und des Ausmündens in Formulierungen, die sich zwar als Zweckartikel eines Gesetzes eignen, aber für die Konkretisierung wenig beitragen.

Extrem 2: *Die Spitze plant*
Diese Lösung ist in vielen Zweigen der Privatwirtschaft verwirklicht. In der ETH lässt sie sich von Rechts wegen ableiten aus der allgemeinen Leitungspflicht des Präsidenten, bei dem nach geltendem Recht die Verantwortung für die Entwicklungsplanung liegt. Sie hat den inhärenten Nachteil, dass der Ideenfluss beschränkt ist, indem weniger Köpfe an der Formulierung von Leitbildern beteiligt sind. Das muss dazu führen, dass für weite Bereiche der Hochschultätigkeit die Intuition der Exekutive ein grosses Gewicht erhält. Von einigen wird das als Nachteil gewertet, von andern als Vorteil. Die Extremlösung 2 wird verbessert, wenn die Exekutive sich ad hoc durch Gruppen von Sachverständigen beraten lässt, wie das auf Stufe konkreter Forschungsvorhaben, z.B. durch die Forschungskommission, geschieht und wie das auf Stufe Gebietsplanung, z.B. durch die Ad-hoc-Kommissionen Erdwissenschaften oder Biochemie, geschehen ist.

Der Mittelweg
besteht darin, dass auf Ebene Schule ein Gremium mit Dauerauftrag Entwicklungsplanung geschaffen wird, das dem Entscheidungsträger Varianten von Leitbildern oder sogar ausgereifte Leitbilder vorlegt.

Es mag jetzt interessieren, welche Vorstellungen im Zusammenhang mit der Reorganisation der Leitungsstruktur der ETH in bezug auf die Planungsorganisation bestanden haben. Mein Vorgänger fasste drei Organe ins Auge: *die Planungskonferenz, die Planungskommission und die Stabsstelle Planung.*
Die *Planungskonferenz* besteht heute. Sie setzt sich zusammen aus Persönlichkeiten der Bundesverwaltung, der kantonalen und stadtzür-

cherischen Verwaltung, des Schulrates und der Schule. Sie versammelt sich einmal im Jahr und befasst sich mit grosskarierten Fragen, z. B. mit weiteren Ausbauetappen des Hönggerbergs, einer Sonderbauordnung im Hochschulquartier. Sie wälzt vorwiegend Fragen realpolitischer Natur, kaum solche wissenschaftspolitischer Natur.

Die *Planungskommission* fehlt.

Die *Stabsstelle Planung* der Schulleitung besteht. Sie hat in den vergangenen Jahren ein überaus grosses Mass an Planungsarbeit geleistet, und zwar nicht nur im Sektor Bauplanung, sondern auch auf dem Gebiet der akademischen Planung. Wir haben sie z. b. eingesetzt für Abklärungen im Zusammenhang mit dem Vorhaben einer alpinen Forschungsstation in Zuoz. Wir haben sie eingesetzt betreffend das Vorhaben der Fusion der deutschschweizerischen Pharmazieschulen inklusive der volkswirtschaftlichen und hochschulpolitischen Konsequenzen. In den vergangenen 2 Jahren war die Planungsstelle allerdings fast vollständig absorbiert durch die Erarbeitungen von Lösungsvorschlägen auf dem Gebiet der Raumbewirtschaftung auf dem Hönggerberg und im Zentrum.

Bevor wir nun den Gedankenaustausch über das heutige Problem beginnen, möchte ich einige Beispiele zum Inhalt der zu leistenden Planungsarbeit aufzählen in Form von konkreten Aufträgen, die nach meiner Meinung an eine Instanz auf Ebene Schule erteilt werden könnten. Ich wähle ausschliesslich Fragen, die mir selbst im Laufe etwa des letzten Jahres gestellt worden sind.

1. Äussern Sie sich zur Frage, ob die ETHZ in den nächsten 10 Jahren präferentiell die Ingenieurwissenschaften fördern soll, zulasten der Naturwissenschaften. (Akademische Frage.)

2. Äussern Sie sich zur Frage, ob die ETHZ weiterhin landwirtschaftliche Forschung betreiben soll oder ob diese Forschung beim Volkswirtschaftsdepartement anzusiedeln wäre. (Akademische Frage unter dem Titel der Koordination auf eidgenössischer Ebene.)

3. Äussern Sie sich zur Frage, ob aus der heutigen Versuchsanstalt für Wasserbau eine Annexanstalt gemacht werden soll und ob umgekehrt die heutige Annexanstalt EAWAG in ein Hochschulinstitut rückzuverwandeln sei. (Strukturfrage.)

4. Äussern Sie sich zur Frage, ob Biotechnologie und/oder Lebensmittelwissenschaften im Raume Lausanne oder Zürich zu entwickeln seien. (Koordinationsfrage.)

5. Äussern Sie sich zur Frage, ob die ETH weiterhin nach

Disziplinen gegliedert sein solle oder neu ad hoc, nach Projekten. (Stichwort: Interdisziplinarität.)

6. Äussern Sie sich zur Frage, ob in den nächsten 10 Jahren ein weiterer räumlicher Ausbau der ETH ins Auge gefasst werden soll.

7. Äussern Sie sich zur Frage, welche Organisationseinheiten der Schule an welchen Standort zusammengefasst werden sollen. (Akademische Frage mit Konsequenzen für die Raumbewirtschaftung.)

8. Äussern Sie sich zur Frage, nach welchen Kriterien beim Wachstum Null Personal, Räume und Franken neu verteilt werden sollen, damit wir dynamisch bleiben können. (Akademische Frage mit betrieblichen Konsequenzen.)

9. Äussern Sie sich zur Frage, ob die Schule neue Akzente setzen soll, z.B. in Richtung Niederenergie-Kernphysik, Biologischer Landbau, Entwicklungshilfe, Verhaltenswissenschaften.

10. Nach welchen Leitbildern soll sich die Zusammenarbeit mit der Universität Zürich vollziehen?

11. Äussern Sie sich zur Frage, ob die Schule eine zehnte Professur für Festkörperphysik, eine zehnte Professur für Architektonischen Entwurf oder eine zehnte Professur für Organische Chemie schaffen soll, wenn für die entsprechenden Anträge nur eine Vakanz besteht.

So kleinkariert wie die letzte oder so grosskariert wie die erste Frage könnten die Fragen etwa lauten.

Zum Rahmen der heutigen Diskussion: Wir sollten den Zweckartikel der ETH nicht in Frage stellen, in dem steht, dass die ETHs und ihre Annexanstalten im Rahmen der ihnen durch das Gesetz übertragenen Aufgabenbereiche der Bildung und der Pflege und Entwicklung der Wissenschaft durch Lehre und Studium sowie durch Forschung dienen und dass sie dabei die Bedürfnisse des Landes und das allgemeine Interesse der Gesellschaft berücksichtigen.

2.13   Die neue Planungsorganisation der ETHZ: Struktur und Funktion[1]

Es gab eine Zeit – sie liegt nicht lange zurück –, in der ein Plan in erster Näherung eine Addition von Einzelwünschen sein konnte. Das Planen, etwa auf Institutsebene, bestand darin, dass der Vorsteher die

---

1 Referat an der Sitzung der Informationskonferenz und der Planungskommission der ETHZ am 7. Juli 1976 in Zürich.

Wünsche der Gruppenleiter in Erfahrung brachte. Die verschiedenen Wunschpakete konnten dann weiter oben gebündelt und zu Anträgen umgemünzt werden. Die Mittel erlaubten es in der Regel, einen sehr grossen Teil der Pläne, also der Wünsche, zu realisieren. Diese Zeit ist vorbei. Heute übersteigt die Zahl der Wünsche die Mittel um ein Mehrfaches. Als wir letztes Jahr die Institute der ETHZ aufforderten, uns ihre Entwicklungsplanung bekanntzugeben, unter der Annahme, die ETH als Ganzes könnte entweder nicht wachsen, müsste 5% schrumpfen oder könnte 5% wachsen, gingen interessante Angaben ein. Ein Abbau, wurde berichtet, sei nicht möglich. Der Ausbau, haben wir errechnet, müsste über 15% betragen.

Die grosse Diskrepanz zwischen Gewünschtem und Möglichem wird voraussichtlich noch längere Zeit bestehen bleiben. Es wird somit vermehrt nötig, Wünsche zu vergleichen und in der Realisierung aufeinander abzustimmen. Das ist zwar natürlich schon immer geschehen. Nur war das Ergebnis des Vergleichens und Abstimmens früher wesentlich weniger hart als heute, weil die Quote der nicht erfüllbaren Wünsche erheblich kleiner war.

Formell stellt sich in dieser Situation die Frage, wer die Planungsarbeit für die Hochschule als Ganzes auszuführen habe. Die Antwort ist zunächst sehr klar: Die Aufgabe steht im Pflichtenheft des Präsidenten. Überlassen ist ihm allerdings die Wahl der Planungsmethode. Im Anschluss an Überlegungen meines Amtsvorgängers habe ich mich zum System des Milizstabsorgans entschlossen, der neuen Planungskommission, in welcher der planerische Sachverstand der akademischen und administrativen Teile der Hochschule möglichst gut vertreten sein sollen. Die Milizidee ist nur partiell durchbrochen, indem wir die Funktion des Delegierten des Präsidenten für Planung schufen, und ich freue mich, Ihnen heute Professor Fritz Widmer in seiner Funktion als Delegierter des Präsidenten für Planung vorstellen zu dürfen.

Die Planungsunterlagen können bzw. müssen von den Instituten und Abteilungen selbst erarbeitet werden. Artikel 4 des Planungsreglementes hält fest, dass die Planung sich in der Regel von unten nach oben vollzieht. Institute und Abteilungen können sich auch Ziele selbst vorgeben; selbstverständlich können Ziele von übergeordneten Behörden vorgegeben werden. Die Einzelplanungen werden neu von der Planungskommission auf ihre Kongruenz mit den Entwicklungsbedürfnissen der ganzen Hochschule überprüft und zuhanden der Schulleitung in Form von Empfehlungen diskutiert.

Ich möchte die Gelegenheit benützen, heute vier Problemkreise aus dem Bereich der Planung zu skizzieren, deren Lösung mir am Herzen liegt und die Gegenstand von Aufträgen an die Planungskommission sein werden. Die Skizzen sind noch nicht als Aufträge zu werten; sie verfolgen den Zweck, den Mitgliedern der Planungskommission zu zeigen, wie geartet die Aufgaben etwa sein werden.

1. «Aus demographischen Daten ist zu entnehmen, dass die Nachfrage nach Studienplätzen bis ca. 1985 noch erheblich steigen wird und nachher sinken wird. Frage an die Planungskommission: Wie wird sich diese Entwicklung auf die verschiedenen Fachabteilungen der ETH Zürich auswirken? Welche organisatorischen, personellen, finanziellen und räumlichen Massnahmen sind ins Auge zu fassen?»

2. «Das neue Hochschulförderungs- und Forschungsgesetz sowie das ETH-Gesetz verpflichten die ETH Zürich zur Koordination mit anderen schweizerischen Hochschulen, insbesondere der Universität Zürich. In der Tat vollzieht sich die Arbeit an den beiden Zürcher Hochschulen in verschiedenen Bereichen koordiniert, wenn auch ein eigentliches Konzept der Zusammenarbeit weitgehend fehlt. Frage an die Planungskommission: Wie könnte ein solches Konzept aussehen?»

3. «Die grosse Mehrzahl der ETH-Institute hat der Schulleitung kürzlich quantitative und qualitative Entwicklungspläne unterbreitet. Der Schulrat hat in der Folge gewisse Akzentverschiebungen sowohl innerhalb der ETH Zürich als auch zwischen ETH Zürich und ETH Lausanne in Aussicht genommen. Da in absehbarer Zeit kaum mit einem substantiellen Wachstum an Personal, Franken und Räumen zu rechnen ist, kann Neues nur durch Verzicht auf Bestehendes erreicht werden. Auftrag an die Planungskommission: Erarbeiten Sie einen Kriterienkatalog, nach dem Umgruppierung von Personalstellen, Franken und Räumen nach Ihrer Meinung vorgenommen werden sollte.»

4. «Der Inhaber der Professur für Astronomie tritt in absehbarer Zeit in den Ruhestand. Frage an die Planungskommission: Welche Richtung soll ein allfälliger Nachfolger betreuen, die herkömmliche optische Astronomie? Die Radioastronomie? Eine andere?»

Solche Fragen werden der Schulleitung laufend gestellt. Bisher mussten wir sie mit Hilfe der Stabsstelle Planung unter Ad-hoc-Beizug von Fachleuten – und selbstverständlich unter Wahrung der Mitspracherechte von Abteilungen, Instituten und Ständen – selbst entscheiden bzw. dem Schulrat zum Entscheid vorlegen. Das wird auch in Zukunft so sein. Aber wir möchten in die Phase der Entscheidungsfindung eine gewisse Kontinuität bringen, eben durch Schaffung der Planungskommission.

Die ETHZ hat mannigfache Beziehungen zum Bund, zu den Instanzen der Hochschul- und Forschungsförderung und zum Kanton Zürich, zur Stadt Zürich und zu vielen Organisationen. Es ist uns ein Anliegen, diese Institutionen zu informieren und von ihnen informiert zu werden. Zu diesem Zweck haben wir die Informationskonferenz geschaffen, quasi als Interface zwischen Hochschulleitung sowie inneren und äusseren Behörden und Organisationen. Die Informationskonferenz fasst keine Beschlüsse. Wir setzen in sie aber sehr grosse Erwartungen. Wir erwarten, dass der Vertreter des Wissenschaftsrates sich über unsere Absichten orientiert und uns über die Absichten des Wissenschaftsrates orientiert. Wir möchten, dass der Vertreter der Finanzverwaltung unsere Probleme kennt und uns über seine Probleme orientiert. Wir finden es richtig, dass auch in der Informationskonferenz der Gedankenaustausch zwischen Schulleitung, Dozentenschaft, Assistenten, Studenten und Personal spielen kann und dass die Vertreter der Aussenwelt die internen Probleme nicht nur aus der Sicht der Schulleitung, sondern auch aus der Sicht der Hochschulstände kennen. Wir haben nicht das Recht zu erwarten, dass die Mitglieder der Informationskonferenz sich für unsere Sache einsetzen – aber wir hoffen es!

2.14 What good can bad research do?[1]

The recent past of our school was characterized by a remarkable growth, especially in the decade between 1960 and 1970. The number of students increased from a little over 4,000 to almost 7,000, the number of doctoral candidates from less than 300 to about 1,000. We had 138 professors in 1960, 250 in 1970. And the number of junior faculty (Assistenten) increased from about 300 to over 900. The 1960 budget was less than 40 million francs, our present budget is about 180 millions, not including investments. Floor space also increased considerably: the satellite campus on which your meeting is held did not exist in 1960.

Our school has little control over such changes in size. Every Swiss

---

1 Eröffnung der International Conference on Infrared Physics am 11. August 1975 in Zürich.

holder of a high-school certificate (called Maturitätszeugnis) in principle has free access to the University of his choice and the curriculum of his choice in our country. The demographic prognoses of the sixties predicted a yet higher number of students for the ETHZ, namely, 10,000. The Swiss people generously funded the expansion of our facilities, ultimately to accommodate this number of students. This all happened in the swing of a generally expanding economy.

Two years ago, the scene changed rather abruptly. It became clear that our country's economy would not develop as anticipated. Federal spending was heavily criticized, and the Universities were not spared. In fact, a noticeable hostility towards institutions of higher learning began to spread in certain political circles. Much destructive criticism, by some of our student leaders, unfortunately helped churn this animosity. But quite independent of these deplorable attitudes, the bare facts of the financial situation of our country forced the government to reduce spending both in personnel costs and those concerning the operation of our school. Coupled with a general inflation in the past few years, these measures created the rather difficult situation of today. *The carefully coordinated growth plans of personnel, money, and space are jeopardized.* While our construction program for a variety of academic, legal, and political reasons has to be brought to completion, for some time it will be difficult if not impossible to appoint all the personnel needed for operating these buildings, let alone staff them for the conduction of the research and teaching projects that were planned. Although the student number has remained stationary for several years now, the approval of many improved curricula has increased the costs of education considerably; the much requested group instruction may serve as an example. Also, the public kept demanding more and more services of our school. Thus, the government charged us with the establishment of an Institute of Toxicology; the mandate we have, but not the additional means. And finally, the freedom of choice of studies leads to remarkable and sometimes capricious changes in the registrations to our various divisions. Last year, e.g., our small division of pharmaceutics had more new registrations than the large division of chemistry. Accordingly, new needs for assignment of personnel and finances keep arising, even though the steady state of enrollments does not change. *The ETH has become a closed system, many parts of which exhibit differential growth.*

How are we coping with this situation? There are those who tell me we should freeze the distribution pattern of personnel, money and space. That is, assign each institute or division what they have right now and then not change anything anymore. This would be the simplest solution. A University according to this scheme would not be led, but merely administrated. I am opposed to this procedure, because it is prone to suffocate those who want to and are able to develop, and at the same time keep those going who perhaps could get by with less.

Then there are those who say that in today's situation we should focus all our attention – they mean money and personnel – on teaching, disregarding, if necessary, research. I am opposed to this view also, because I believe it would lead to a stagnation of teaching for a variety of reasons. Not only are teaching and research inseparable at a University, but a University's international reputation – and therefore its attractiveness to outstanding faculty – to a large measure depends on the excellence of its research. We must support research at our school generously if we want to keep attracting first-class faculty. If we fail to attract first-class faculty, then our teaching programs are doomed.

And then there are those who say *we should regroup our forces to where the real needs are.* I agree. I believe only in this manner can a closed system remain dynamic. But this approach is the most difficult. Even though it is probably not hard to distinguish between a good and a mediocre research project in infrared physics, it is already much more difficult to compare the true merits of low energy versus high energy particle physics, and it is virtually impossible to weigh, on a comparable scale, chemistry against civil engineering, or agriculture against electrical engineering. I have come across only one criterion useable in such comparisons: the evaluation of the absolute scientific quality of a project. Some critics object by saying that this is not true research policy. One should, they argue, set true priorities, e.g. (of course) in environmental biology. As a biologist I wholeheartedly agree – but only as far as excellent projects are concerned. What good can bad research do?

What must be done in the present impasse, I believe, is *to maintain excellence where we have it, build new excellence where there is true promise for excellence, and reduce our weakest programs and those showing little promise for improvement.* Let me stress at this point that in this context by strong or weak I am not solely thinking of the quality of research and teaching projects, but also of the ability to cope with the present situations by adapting the organizational framework. Our physicists, e.g., are not only strong because so many of their activities in teaching and research are successful, but also because they have set up an organizational structure that gives them, as a group, a large degree of autonomy and flexibility.

What else must we undertake to get out of our difficult situation? *We must convince the general public of the importance of our work.* We must convince the public that work in infrared physics has a bearing on the energy household of buildings. That solid state physics makes important contributions to material science, which in turn plays a major role in the global problem of resources. The general public is tired of hearing what science of the past has done for society of the present. It wants to know what science of today is doing for society of tomorrow. I consider it an important mandate of today's scientists to keep the public informed about those impacts of their work that are already now foreseeable. The taxpayer has an interest to know this and the right to be told.

I believe the credibility of this kind of publicity can be enhanced it the individual members of a scientific discipline join forces with colleagues in other fields. The solid state physicist working on the behavior of materials used in the construction of buildings may find it easier to carry his message to the interested public if he excites the interest of specialists who know how to apply his materials, the civil engineers, or perhaps even those whose main objective is design, the architects. This is not to say that our curricula in physics, civil engineering and architecture should be united to become what is called interdisciplinary. But it is to say that more scientists and engineers should make a concerted effort in their research to collaborate on related problems, each on the solid basis of his training in one discipline. Such true interdisciplinarity may also help us out of the present difficulties. I am happy to report that the ETH and its annex institutions are on the move to major contributions of this kind. Only about a month ago, the federal government declared research on problems on energy and water household as so-called National Programs. Due to the cooperation of some members of the faculty of our sister school in Lausanne, some of our annex institutions, and our own, we are already now in a position to present strong, coordinated research projects in these fields of national importance. If the groups involved were initially designed on paper, it is now becoming evident that they will grow into truly cohesive units composed of scientists and engineers that show mutual respect for each other's contribution. *The inter-institutional project management that characterizes this type of common effort is not part of the ETH's tradition.* It is not the classic way of doing science in our country. But I remember my French professor defining the term 'classique' by 'Classique est ce qui fait classe'. Let us hope that the newly emerging cooperation of scientists, each anchored strongly in his own and strong discipline, becomes a classic form of doing science. Most of us at the ETH, faculty, personnel, students, administration, have to learn a lot before such novel ways of conducting research and teaching bear fruit.

In the learning phase, we must learn to talk together from one discipline to the other. I said initially that my task today was to inform you of some current problems of our school. This is one of the gravest: the inability, or hesitation, of many of us to communicate with colleagues in other disciplines. The problem sounds so simple, and yet is so difficult to solve.

2.15 Big Science or Great Science[1]?

The 'Science and Government Report International Almanac 1977', just published in the US, states that no 'big science' is conducted in Switzerland. I don't find this statement particularly meaningful, because it is made without a point of reference. In fact, if as an administrator responsible for scrounging the money together I look at the money we spend for the Swiss Institute for Nuclear Research (SIN), or our High Energy Physics Lab (LHE), or our Nuclear Physics Lab (LKP), I cannot avoid the impression that this science is pretty big, both on an absolute scale in terms of francs per annum, and on a relative scale if compared to what we spend in other disciplines of our institution.

But at a high power congress such as yours, one should not worry primarily about bigness or non bigness of science. Rather, one should worry about its greatness. For big science need not necessarily be great science. In my mind one of the best gauges for judging the quality of research is its success at large caliber international meetings. We are grateful therefore that you gathered in Zürich, because it gives us an opportunity free of charge to observe the success of our own scientists in this highly energetic but also highly competitive field.

Science and big science in particular and great science even more

---

1 Begrüssung am Bankett der VIIth International Conference on High Energy Physics and Nuclear Structure am 31. August 1977 in Zürich.

can be hard work and cruel business for those who conduct it. Especially in periods of stringency the less successful and less adaptable colleagues run the risk of being left behind in pretty much every respect by those colleagues who push science where it really goes.

But the Conference Banquet is a bad place further to elaborate on this point. Instead, let us enjoy the presence of lovely ladies, handsome men and wine and good food.

2.16 Über das Zurücktreten und die Freiheit in Lehre und Forschung[1]

Die bange Frage: Was geschieht mit meinem Institut nach meinem Rücktritt? plagt vermutlich jeden Wissenschafter im Zeitpunkt seines Rücktritts. Sie hat auch mich geplagt! Sie werden jetzt sofort fragen, wie ich Grünschnabel mich zur Rücktrittsfrage auf eigene Erfahrung wolle stützen können. Die Antwort ist einfach. Hier in Zürich hatte ich in Fortsetzung eines Projekts in den USA ein Institut mit fast 30 Mitarbeitern aufgebaut, dessen Arbeit zu einem schönen Teil von meinem eigenen Kredo der wissenschaftlichen Bearbeitung des Problems der Zelldifferenzierung beeinflusst war. Mit meinem Berufswechsel musste ich damit rechnen, dass dieses wissenschaftliche Kredo von der Szene verschwinde, und das schmerzt. Es ist auch bei Ihnen möglich: Mit dem Einzug von Herrn Brem empfindet Herr Daenzer vielleicht, dass sein Selbstverständnis der Betriebswissenschaften nicht zum Selbstverständnis seines Nachfolgers wird; Herr Schürch wird vielleicht in andern Geleisen fahren oder in grössere Höhen fliegen, als das sein Vorgänger Rauscher getan hat im Institut für Flugzeugstatik und Leichtbau, und Herr Trepp stösst vielleicht in wesentlich tiefere Temperaturen vor, als das Herrn Grassmann möglich war oder von Herrn Grassmann als nötig empfunden wurde.

Die Frage stellt sich, ob das Verschwinden des eigenen wissenschaftlichen Kredos schlimm sei. Ich möchte die Frage verneinen, und zwar deswegen, weil ja jede wissenschaftliche Tätigkeit einen Stichprobencharakter hat. Das Feld des Unbekannten ist derart riesengross, dass kein Wissenschafter im Ernst hoffen kann, es auch nur annähernd

---

1 Tischrede an der Feier zu Ehren der Professoren Daenzer, Grassmann und Rauscher im Zunfthaus zur Waag, Zürich, am 21. Januar 1976, aus Anlass ihres Rücktritts.

erschöpfend bearbeiten zu können. Dazu kommt, dass der Informationsgehalt jedes menschlichen Individuums sehr verschieden ist, dass also zwei Individuen höchstwahrscheinlich ohnehin – wenigstens im einzelnen – verschiedene Kredos haben. Man kann daraus folgern, dass es sogar falsch wäre, im gleichen Geleise weiter forschen zu wollen. Und ich meine, jeder sogenannte Nachfolger sollte die Forschungsfreiheit nutzen. Er sollte sich nicht bedrängen lassen durch eine falsch empfundene Loyalität gegenüber seinem Vorgänger, Tradition in einem Institut heisst nicht Verharren beim gleichen, sondern Weitertragen in neue Erkenntnisse. Ich habe den Eindruck, dass die so verstandene Forschungsfreiheit nicht immer optimal genutzt wird.

Und wie steht es in der Lehre? In der Regel begründen unsere Abteilungen Begehren um Nachfolgen von emeritierten Professoren damit, dass ein bestehender Studienplan auch künftigen Generationen von Studenten angeboten werden könne. Hergeleitet von diesem Normalstudienplan werden dann die Professuren umschrieben. Ich möchte hier meine Zweifel anbringen, ob dieses Verfahren richtig sei. Ich möchte die Zweifel an einem Beispiel aus meinem Fachgebiet illustrieren. Um die Jahrhundertwende hat das Gebiet der Vergleichenden Anatomie in der Biologie eine zentrale Rolle gespielt, indem es im Mittelpunkt der Argumentation über die Evolution stand und indem es handfeste Beweisstücke lieferte für die Evolutionstheorie; das Gebiet hatte auch seine Bedeutung im Hinblick auf die Humananatomie und damit die Medizin. Heute ist die Vergleichende Anatomie im wesentlichen nur noch von historischem Interesse. Es wäre nun völlig falsch, der Vergleichenden Anatomie heute in einem Studienplan ähnliches Gewicht zu verleihen, wie das um die Jahrhundertwende der Fall war. (Der Fehler wird übrigens leider weiterum noch immer gemacht.) Tradition in der Lehre hochhalten heisst nicht, zur Geschichte Gewordenes weiter vermitteln, sondern Zeitgerechtes mit zeitgerechten Methoden pflegen.

2.17 Stagnierende Prosperität I[1]

Zum Jahresbericht 1975 der ETHZ
Dieser Bericht stellt ein Bild stagnierender Prosperität dar, wenn

---

1 Einführungsreferat an der Budgetsitzung des Schweizerischen Schulrats am 21. Mai 1976 in Zürich.

diese Konstruktion sprachlich erlaubt ist: Prosperität im Sinne eines hohen Niveaus in quantitativer und qualitativer Hinsicht, Prosperität aber, die zumindest in quantitativer Hinsicht kaum mehr ein Wachstum aufweist. Die Zahl der Studenten stagniert. Die Zahl der Professoren, Assistenten, des wissenschaftlichen und des Verwaltungspersonals stagniert und ist sogar leicht rückläufig. Die Zahl der Franken wächst nur scheinbar, weil die Teuerung gleichzieht oder die Kaufkraft sogar absolut verringert.

Das Bild steht im krassen Gegensatz zu Bildern aus dem Jahrzehnt zwischen 1960 und 1970, wo unsere Hochschule in vielen Beziehungen ein Katapult verlassen hatte und sich auf einem steilen Höhenflug befand. Quantitativ lässt sich der Winkel dieses Höhenflugs nicht aufrechterhalten; denn die Wirtschaftslage unseres Landes hat in Form einer harten Decke – auf schweizerdeutsch: Plafond – die rauhe Wirklichkeit auf uns hinabgesenkt. Als Folge der noch vorhandenen kinetischen Energie aus der Zeit des Wachstums schlagen nun alle jene Angehörigen unserer Hochschule den Kopf an der Decke an, welche sie nicht sehen. Das führt dann zu Kopfweh. Unsere Verwaltungsabteilungen möchten ihre Dienstleistungstätigkeiten verbessern, können es nicht und machen sich Sorgen. Viele unserer Institute und Abteilungen – vor allem die jüngeren Institute – möchten ihre zum Teil ausgezeichneten Vorhaben verwirklichen, können es aber nicht. Die ETHZ als Ganzes möchte das Zahlenverhältnis Studenten/Professoren verbessern, kann es nicht. Die Assistentenschaft möchte in grösserer Zahl Studenten betreuen können, in der Forschung tätig sein, kann es aber nicht und ist enttäuscht. Bei der Lektüre des Jahresberichts stösst man laufend auf diese Zeichen des zum Stillstand gekommenen Wachstums.

Im gleichen Jahresbericht finden wir eine ganze Anzahl von Glanzpunkten der Leistung in Unterricht und Forschung. Es mag eingewendet werden, diese Leistungen stellten die Früchte dar, die in der Wachstumsphase 1960–1970 herangereift seien; heute, beim übrigens viel geforderten Nullwachstum, sei die Prognose für solche Leistungen schlecht. Diesem Pessimismus kann ich mich nicht anschliessen. Wenn es auch sicher zutrifft, dass Qualität Quantität bis zu einem gewissen Grad voraussetzt, so wäre doch der Nachweis schwer zu führen, dass Qualität Anstieg der Quantität voraussetzt. Tatsächlich sind die Früchte in jenem Jahrzehnt herangereift. Aber die damals vorhandenen Mittel waren, absolut gesehen, nicht grösser als heute, sondern im allgemeinen sogar erheblich kleiner. Für mich sind solche

Glanzleistungen Beweise dafür, dass sogar mit relativ bescheidenen
Mitteln intellektuelle Durchbrüche möglich sind, und Grundlage für die
Zuversicht, dass auch, oder gerade in der stagnierenden Prosperität – wo-
bei ich Prosperität betonen möchte – weitere Durchbrüche möglich sind.
So einfach liegen nun allerdings die Verhältnisse nicht. Die
Stagnation der Grösse bezieht sich auf die ETH als Ganzes. In ihren
Teilbereichen aber brodelt es von verschiedenen Entwicklungstenden-
zen. Die Studentenzahlen der verschiedenen Abteilungen zeigen zum
Teil ganz unterschiedliche und divergierende Tendenzen. Der Impetus
zur Veränderung der Unterrichts- und Forschungstätigkeit ist unter den
89 Instituten und 12 Abteilungen ganz verschieden: Am einen Ende des
Spektrums stehen Institute – Sie finden sie im Jahresbericht –, die
strukturell und in ihrer Tätigkeit ganz auf Innovation ausgerichtet sind,
am anderen Ende solche, die eindeutige Ermüdungserscheinungen
zeigen, Ermüdungserscheinungen, die zum Teil mit der Wissenschaftsgeschichte ihrer Disziplin koinzidieren, zum Teil in krassem Gegensatz
zur Wissenschaftsgeschichte ihrer Disziplin stehen.

Zur Entwicklungsplanung

Im soeben erlassenen Planungsreglement der ETHZ bekennt sich
die Schulleitung zum Grundsatz, dass die Planung in der Regel von
unten nach oben zu erfolgen habe. Ganz im Sinne dieses Grundsatzes
haben wir letztes Jahr alle Abteilungen aufgefordert, Dozentenplanun-
gen vorzunehmen, und alle Institute aufgefordert, uns ihre Vorstellungen über ihre Entwicklungen bekanntzugeben. Die Reaktion war im
grossen und ganzen positiv. Eine Mehrzahl der Befragten hat mit
Sorgfalt und Einsicht geantwortet, einzelne mit aussergewöhnlicher
Klarheit wohlbegründete Konzepte entwickelt, andere vielleicht etwas
oberflächlicher oder weniger überzeugend. Ganz vereinzelte haben die
Aktion als Zumutung und unnötigen Eingriff in ihre Autonomie
gewertet. Wenn nun die Vorstellungen in Mannjahre und Franken
umgelegt werden, so kommt man auf Zahlen, die unsere Möglichkeiten
um ein Mehrfaches übersteigen; sie wären nur bei Fortsetzung eines
exponentiellen Wachstums überhaupt realisierbar. Aber dieses Wachstum wird mit Sicherheit in nächster Zukunft nicht eintreten können.
«Même de maintenir le statu quo va demander un effort remarquable!»
hat Bundesrat Chevallaz unter anderem gesagt, als der Präsidialaus-
schuss am 7. Mai mit ihm und Bundesrat Hürlimann über die Investi-
tions- und Personalplanung des Schulrats sprechen konnte.

In dieser Situation kommt die Schulleitung nicht darum herum, die Entwicklungsabsichten der Teilbereiche zu werten, zu vergleichen, abzustimmen und Prioritäten zu setzen. Ziel dieser sehr zeitraubenden Tätigkeit bleibt es, hohe Qualität in Unterricht und Forschung unserer Hochschule hochzuhalten bzw. zu ermöglichen. Je nach Zuständigkeit tut sie dies in eigener Kompetenz oder in Form von konkreten Anträgen an den Schulrat zu seinen Handen oder zuhanden des Bundesrates. Das Wort Entwicklungsplanung kann aber in der heutigen Situation kaum im quantitativen Sinne des Wachstums verstanden werden, sondern muss qualitative Verschiebungen von Akzenten bedeuten, und zwar überall dort, wo solche Verschiebungen angezeigt sind. Die Wachstumsphase ist vorbei; wir stehen in der Phase des Umbruchs.

Wie können nun diese Vorstellungen überhaupt vollzogen werden? Im geschlossenen System nur durch flexible Bewirtschaftung der Mittel: durch Umgruppierung von Personalstellen, Räumen und Franken.

Zum Voranschlag 1977

Die Finanzlage des Bundes ist derart prekär, dass Sparen auch an der Hochschule ein Gebot der Stunde ist. Aber wir müssen versuchen, besonders dort zu sparen, wo wir glauben, es verantworten zu können. Ich habe angeordnet, grössere Anstrengungen zu unternehmen, um trotz den zahlreichen neuen Gebäulichkeiten, trotz den zahllosen neuen Studienrichtungen betriebliche Komponenten dieser Vergösserungen und Diversifikationen so sparsam wie möglich zu gestalten. Konkret bedeutet das z. B.: ganz erhebliche Einsparungen in der Gebäudereinigung, der Vervielfältigung, des Motorfahrzeugwesens, der Dienstreisen, der Lehraufträge. Konkret bedeutet das weiter relative Einsparungen beim Verwaltungspersonal, das wir trotz den Erweiterungsbauten kaum werden erhöhen können. In der Folge erhalten wir Reklamationen wegen zum Teil verlangsamter Erledigung von Geschäften. In einem Rapport mit den Chefbeamten werden wir noch im Juni dieses Jahres nach Wegen suchen, die Verwaltungsabläufe noch effizienter zu gestalten. Zurzeit bin ich nicht in der Lage, Aussagen darüber zu machen, ob das bei unserem geringen Bestand an Verwaltungspersonal möglich sein wird.

Leider sind uns in den meisten Kreditrubriken die Hände weitgehend gebunden. Die Personalkosten steigen als Funktion der Teuerung; wir können sie kaum beeinflussen. Grosse Brocken des Betriebs, etwa die Energieversorgung, sind weitgehend unserer Einflussnahme entzogen. Ein Sparversuch wird leider wahrscheinlich misslingen: Wir wollten darauf verzichten, auf dem Hönggerberg einen Bewachungsdienst einzurichten, weil die dortigen Gebäude ja intern durch die zentrale Leitwarte automatisch überwacht werden (im Gegensatz zum ETH-Zentrum, wo wir die Gebäude immer noch zu Fuss patrouillieren lassen müssen). Die jüngsten Fälle von Vandalismus auf dem Hönggerberg werfen nun die Frage in aller Schärfe auf, ob wir das dortige Gelände nicht doch auch nachts überwachen müssen. Der entsprechende Entscheid der Schulleitung wird sich im Voranschlag 1978 niederschlagen.

Die grösste Disponibilität haben wir in der Kreditrubrik Unterricht und Forschung. Im Bestreben, wohlbegründete Neuvorhaben der Institute und Abteilungen erfüllen zu können, haben wir das Prinzip der befristeten Projektfinanzierung beibehalten. Leider mussten wir hiefür erneut faktisch eine Kürzung der ordentlichen Kredite der Institute anordnen, indem wir diese nominell auf dem Stand 1976 belassen. Nur so war es uns möglich, die nötigen Mittel in die Hand zu bekommen, um die Projektfinanzierung weiterführen zu können und um insbesondere das befristete Forschungspersonal weiter beschäftigen zu können. Ich kann festhalten, dass in den Jahresberichten 1975 der Institute nur sehr vereinzelt an dieser Praxis der Projektfinanzierung Kritik geübt wird. Die grosse Mehrzahl von Instituten und Abteilungen unterstützt die Praxis. Persönlich bin ich überzeugt, dass auf diese Weise jene nötigen quantitativen Voraussetzungen geschaffen werden, welche Entwicklung von Qualität ermöglichen, überall dort, wo sie zustande kommen kann. Für jene Bereiche braucht sich somit die Zwangsjacke des geschlossenen Systems nicht als nachteilig zu erweisen.

2.18 Stagnierende Prosperität II[1]

Zum Jahresbericht 1976 der ETHZ

Das augenfälligste Ereignis im Berichtsjahr war der Bezug der Ingenieurneubauten auf dem Hönggerberg. Der Umzug der Planer, Architekten, Bau-, Kultur- und Vermessungsingenieure auf den Hönggerberg und die Nachfolgebewegungen in die dadurch leergewordenen

---

1 Einführungsreferat an der Budgetsitzung des Schweizerischen Schulrats am 20. Mai 1977 in Zürich.

Räume im Zentrum stellen die wohl grösste räumliche Veränderung in der Geschichte der ETH dar.

Es verwundert nicht, dass die grossen Bewegungen auch in der Presse registriert wurden. In einzelnen Blättern wurden die Probleme um die Verlegung der Architekturabteilung nochmals aufgegriffen. Vor allem die studentische Presse enthielt und erzeugte heftig kritische Äusserungen. Da war die Rede von verbetonierter Bildungspolitik und davon, dass Fehlplanungen dazu geführt hätten, dass auf dem Hönggerberg nun mehr Raum für die Bauingenieure vorhanden sei, als diese ausfüllen könnten; und dann sei dieser Raum erst noch klimatisiert. Was in vielen Berichterstattungen systematisch übergangen wurde, ist die Tatsache, dass es dank dem den Umständen angepassten Raumprogramm, den entsprechenden Projektänderungen und unseren Prinzipien der Raumbewirtschaftung möglich wurde, die Neubauten ohne Verzug durch zusätzliche Einheiten der Hochschule zu belegen und dadurch im Zentrum Raum zu schaffen für eine grosse Zahl bisher auf dem Stadtgebiet zerstreut angesiedelter Gruppen, mit erheblichen Einsparungen an Mieten. Ebenso übergangen wurde die Tatsache, dass durch diese Massnahmen eine längst in Aussicht genommene Ausbaubotschaft für die Architekturabteilung hinfällig wurde. Und schliesslich wurden die städtebaulichen Auflagen, die zur gewählten Bauweise und damit Klimatisierung geführt hatten, übergangen: die Forderung nach der Freihaltung einer möglichst grossen Grünzone im Erholungsgebiet des Hönggerbergs. Es ist ganz klar, dass die einseitigen Darstellungen die Hochschulfreundlichkeit des Schweizervolkes nicht fördern. Der durchschnittliche Steuerzahler, der unsere zweckmässigen Anlagen sieht und erlebt, begreift nicht, dass die Studenten darin oder damit unglücklich sein sollen. Das trifft denn auch gar nicht zu. Bedauerlich, aber nicht vermeidbar ist, dass einzelne destruktive Elemente dies lautstark verkünden. Sie schaden der Sache der Hochschule im allgemeinen und im speziellen dem Stand der Studenten, deren überwiegende Mehrheit das echte und ehrliche Ziel hat, sich an der ETH intensiv auf den zukünftigen Beruf vorzubereiten.

Ich möchte nun keineswegs verschweigen, dass uns die Erweiterungsbauten auf dem Hönggerberg auch eine ganze Reihe echter Schwierigkeiten bereiten. Es sei in Erinnerung gerufen, dass allein die Neubauten für die Ingenieure und Architekten einen Flächenzuwachs brachten, der erheblich grösser ist als das ganze ETH-Hauptgebäude. Wichtiger noch als dieser quantitative Ausbau ist der qualitative: die

Verfügbarkeit eigener Forschungseinrichtungen und Versuchsflächen für das Bauwesen. Diese Möglichkeiten jetzt für Forschungsarbeit zu nutzen, setzt u. a. vermehrtes Forschungs- und Betriebspersonal voraus, das wir wegen des Personalstopps nur schwer zur Verfügung stellen können. Zwar hat auch im Berichtsjahr das Prinzip der Projektfinanzierung wesentlich zur Lösung dieser Probleme beigetragen – wir haben dafür insgesamt über 17 Millionen Franken aufgewendet und konnten uns dabei auf ausgezeichnete Vorarbeit der Forschungskommission stützen – aber der Nachholbedarf vor allem der kleinsten Institute ist nicht gedeckt.

Man darf auch nicht ausser acht lassen, dass eine derartige Erweiterung des Raumangebots enorme Mehrkosten auf der rein betrieblichen Seite verursacht. Wir strebten an, die Betriebsausgaben nicht über Gebühr wachsen zu lassen. Wir haben mit Befriedigung festgestellt, dass die Forderung erfüllt wurde. Möglich war das nur durch radikale Sparmassnahmen in besonders rasch wachsenden Ausgabensparten: dem Vervielfältigungswesen (wo unsere Reorganisation eine Einsparung von 1,5 Millionen Franken brachte), in der Erweiterung des Anwendungsbereichs unseres neuen Konzepts der Gebäudereinigung (wo wir wieder 0,25 Millionen Franken sparen konnten), im Motorfahrzeugwesen (wo wir die Ersparnis zurzeit noch nicht beziffern können) und bei den Mieten (Ersparnis Fr. 650 000.–).

Der Pendelverkehr zwischen dem Zentrum und dem Hönggerberg wurde nach den ersten Betriebserfahrungen so weit den Bedürfnissen angepasst, als es der verfügbare Kredit von Fr. 300 000.– und die Randbedingungen der Verkehrsbetriebe der Stadt Zürich gestatten. Die von den Studenten immer wieder erhobenen Forderungen nach Gratistransport zur morgendlichen Vorlesung und für den Heimweg sind aber unerfüllbar.

Trotz der durch Umzüge verursachten Hektik ist der Unterrichtsbetrieb im Berichtsjahr im allgemeinen ruhig verlaufen. Eine Ausnahme bilden hier jene Studenten der Architektur, die im neuen Lehrgebäude auf dem Hönggerberg durch mannigfache Disziplinlosigkeit aufgefallen sind.

Planung

Wie das vorige Jahr war auch das Berichtsjahr geprägt durch das gebremste oder zum Stillstand gekommene Wachstum. Dementsprechend verkürzten sich auch unsere Planungshorizonte auf die nahe

Zukunft, was aber nicht bedeutet, dass wir uns neuen Methoden oder Wissensgebieten verschliessen. So fasste die Schulleitung z. B. den wichtigen Beschluss, ein Zentrum für Interaktives Rechnen aufzubauen. Die neue Planungskommission erhielt fünf Aufträge: einen Kriterienkatalog für Umgruppierung von Mitteln vorzulegen; eine Prognose für die Entwicklung der Studentenzahlen jeder Abteilung bis zum Jahr 1985 zu erstellen, mit Vorschlägen für Massnahmen in Investitionen oder Organisation; die Zukunft des Bereichs Denkmalpflege-Städtebau-Kunstgeschichte an der ETH vorzubereiten; die Zukunft des Fachbereichs Astronomie zu überdenken; ein Konzept für die fortgesetzte Zusammenarbeit mit der Universität Zürich vorzulegen. Die Planungskommission hat sehr viel Arbeit geleistet. Wir freuen uns, dass sich mit der Planungskommission an der ETH ein weiteres beratendes Gremium entwickelt, das den Vorrang der Gesamtinteressen und Gesamtziele der Hochschule klar erkennt und der Schulleitung entsprechend verantwortungsbewusste Anträge stellt. Als wertvoll hat sich auch die Informationskonferenz erwiesen: Wir erhielten aus erster Hand Nachrichten seitens der Stadt Zürich, mit der wir eine verständnisvolle Zusammenarbeit vor allem in Baufragen pflegen; wichtige Perspektiven über die Finanzlage des Bundes durch den Sprecher der Finanzverwaltung; und wir werden durch den Vizepräsidenten des Wissenschaftsrates auf dem laufenden gehalten über den 3. Ausbaubericht des Wissenschaftsrates. Selbstverständlich führen wir die Planungsarbeit für weitere Horizonte (1995) weiter, aber auf kleinem Feuer; wir haben denn auch personell die Stabsstelle Planung etwa auf die Hälfte reduziert.

Voranschlag 1978

Wir gingen von der optimistischen Arbeitshypothese aus, dass die Volksabstimmung vom 12. Juni über die Mehrwertsteuer positiv verlaufe. Die Personalausgaben haben wir nicht unter Kontrolle. Sie machen etwa drei Viertel unserer Aufwendungen aus. Bei den Sachausgaben kürzten wir wo immer möglich die Betriebsausgaben, um unsere wichtigste Kreditrubrik, Unterricht und Forschung, möglichst zu schonen. Gesuche der Verwaltungsabteilungen um Zuteilung von Personalstellen haben wir mit der allergrössten Zurückhaltung behandelt. Leider zwingt uns zunehmender Vandalismus auf dem Hönggerberg, dort einen Bewachungsdienst aufzuziehen. Darüber hinaus war die Einstellung zusätzlichen Betriebspersonals für die Wartung der erweiterten Anlagen auf dem Hönggerberg unvermeidbar. Das geringe Wachstum der Rubrik Unterricht und Forschung behalten wir zentral in der Hand, um nach Möglichkeit die bewährte Projektfinanzierung weiterführen zu können. Das hat zur Folge, dass wir die ordentlichen Institutskredite erneut auf dem Stand des Vorjahres belassen haben. Für den Fall, dass wir nach dem 12. Juni neue Richtzahlen erhalten, haben wir eine ganze Reihe vorbereitender Massnahmen getroffen. Während dieser Vorarbeiten hat sich unser Eindruck verstärkt, dass wirklich wesentliche Kürzungen auf der Ausgabenseite nur dann überhaupt möglich wären, wenn Bundesrat und Parlament weichenstellende Beschlüsse in der *Personalpolitik* fassten. Es hatte aber keinen Sinn, Alternativbudgets zu erstellen in Unkenntnis des Ausmasses allfälliger Kürzungen und in Unkenntnis des Zeitpunkts des Inkrafttretens neuer Weisungen.

2.19 Zur Problematik von Reformen an unserer Hochschule[1]

Als Ihr Präsident mich vor kurzem aufforderte, hier zur Problematik von Reformen an unserer Hochschule zu sprechen, nahm ich drei Arten des Vorgehens in Aussicht. Ich hätte z. B. die bisherige Tätigkeit der Reformkommission, soweit sie der Schulleitung in Form von Anregungen oder Anträgen bekannt wurde, Punkt für Punkt in dem Sinne auswerten können, dass ich das Schicksal eines jeden Vorstosses verfolgt hätte. Dieses Vorgehen käme einer Ertragsanalyse gleich, mit einem hohen Informationsgehalt in bezug auf die Frage, welche Art des Vorgehens bzw. welche Inhalte von Vorstössen besonders erfolgsträchtig oder besonders wenig erfolgsträchtig sind. Oder ich hätte versuchen können, alle seit 1971 an der ETHZ tatsächlich erfolgten Reformen aufzulisten und dahin zu untersuchen, ob sie sich auf die Initiative der Reformkommission zurückführen lassen oder allenfalls ohne Reformkommission zustande gekommen waren. Auch das käme einer Ertragsanalyse gleich, erweitert allerdings in dem Sinne, dass die relativen Anteile verschiedener Instanzen (nicht nur der Reformkommission) an Reformtätigkeit sichtbar würden. Ich musste diese beiden Wege aufgeben, weil mir schon ganz zu Beginn bewusst wurde, dass in der kurzen zur Verfügung stehenden Zeit das nötige Aktenstudium nicht Platz fand. In dieser Phase der Vorbereitung auf das heutige Referat machte

1 Referat am Wochenendseminar der Reformkommission der ETHZ am 22. Januar 1977 in Bad Schönbrunn bei Edlibach.

ich aber die wesentliche Erkenntnis, dass der *Begriff der Reform aussergewöhnlich schillernd* ist. Es fiel mir nämlich nicht leicht, im Einzelfall zu entscheiden, ob eine tatsächlich eingetretene Veränderung nun als Reform zu taxieren sei oder nicht. Meine Zweifel wurden bestätigt bei der Lektüre der Tätigkeitsberichte der Reformkommission seit ihrem Bestehen, wo z.B. im Tätigkeitsbericht für das Wintersemester 74/75 und das Sommersemester 75 der Satz steht: «... dass eine eigentliche Studienreform noch nicht realisiert wurde.»

Ich entschloss mich in dieser Situation zur dritten Art des Vorgehens, die ich als eher theoretisch bezeichnen möchte. Es geht mir darum, losgelöst vom Einzelfall, aber vor dem Hintergrund eines Gesamteindrucks, drei Fragen zu besprechen:

1. *Was kann oder soll an unserer Hochschule reformiert werden?* (Die Frage nach dem Gegenstand der Reform.)

2. *Sollen Formen oder Sachen reformiert werden?* (Die Frage nach Struktur- oder Funktionsreform.)

3. *Von wem soll die Initiative zu Reformen ausgehen?* (Die Frage nach dem Modus operandi.)

1. Gegenstand der Reform

Nach dem Wortlaut des ETH-Modells 71[2] «dienen die ETHs in Lehre, Studium und Forschung der Förderung der Wissenschaften. Sie bilden die Studierenden wissenschaftlich und fachlich aus und bereiten sie auf ihre Verantwortung in der Gesellschaft vor.» Ich meine, die Schlüsselausdrücke dieser beiden Sätze können Gegenstand von Reformen an unserer Hochschule bilden: Lehre, Studium, Forschung, Ausbildung, Vorbereitung auf die Verantwortung in der Gesellschaft. Dieser Grundsatz dürfte unbestritten sein. Die schillernde Natur des Reformbegriffs zeigt sich aber sofort, wenn man den Grundsatz mit irgendeinem konkreten Beispiel konfrontiert.

Nehmen wir den Forstingenieur, wie er an unserer Abteilung VI ausgebildet und auf seine Verantwortung in der Gesellschaft vorbereitet wird oder werden soll. Mit dem Begriff des Forstingenieurs verbindet sich ein bestimmtes Anforderungsprofil. Staat und Gesellschaft erwarten z.B. von ihren Forstbeamten gewisse Leistungen; aus dieser Erwar-

2 Ausgearbeitet von der Reformkommission der ETHZ.

tung ergibt sich ihr Pflichtenheft. Nun ist denkbar, dass im Laufe der Zeit sich das Anforderungsprofil des Forstbeamten von der tatsächlichen Ausbildung und Vorbereitung des Forstingenieurs an der Hochschule entfernt. Die Hochschule würde dann einen Forstingenieur ausbilden, der das ihn erwartende Anforderungsprofil nicht erfüllen kann. Oder umgekehrt könnte man sagen, Staat und Gesellschaft erzeugen durch ihre Erwartungen an den Forstbeamten ein Anforderungsprofil, das nicht mit der Überzeugung seiner Ausbildner koinzidiert. An der Hochschule könnte eine solche Situation je nach Blickwinkel eine Reform in der einen oder andern Richtung auslösen. Die Lehrinhalte könnten sich an das tatsächliche Berufsbild anpassen (die Hochschule verhielte sich reaktiv). Oder aber die Lehrinhalte würden sich in einer Form anpassen, die nach Überzeugung der Hochschule zu einem Forstbeamten führte, der dann aktiv das Berufsbild umgestaltete (die Hochschule verhielte sich aktiv). Ja, es wäre eine dritte Handlungsweise der Hochschule denkbar. Sie bestünde darin, dass die Hochschule versucht, Staat und Gesellschaft so umzustrukturieren, dass diese von sich aus dazukommen, in das Berufsbild des Forstbeamten jene Erwartungen zu setzen, die die Hochschule für richtig hält (die Hochschule verhielte sich hyperaktiv).

Ich meine, die drei Varianten bilden einen Gradienten der Intensität des Reformbegriffs. Der erste Fall ist doch jener, der an fast jeder Schulratssitzung in Form von Änderungen von Studien- und Prüfungsplänen vollzogen wird. Die zweite Variante ist dann etwa die, dass die Hochschule eine vakante Professur, sagen wir für Architektonischen Entwurf, nicht wieder durch einen Entwurfsprofessor, sondern durch einen Bauphysiker besetzen lässt in der Überzeugung, dass das Anforderungsprofil – hier des Architekten – sich in einer Weise gewandelt hat, dass er mehr als bisher in Bauphysik ausgebildet werden sollte. (Die dritte Variante habe ich nur der Vollständigkeit halber aufgezählt. Nach meiner Überzeugung sprengt sie den Rahmen der Hochschule bei weitem, und ich werde mich nicht mehr mit ihr auseinandersetzen.) Den ersten Varianten ist gemeinsam, dass sie sich an einem Berufsbild orientieren, dem sich anzupassen oder das zu ändern es gilt.

In einer anderen Kategorie erscheinen mir Reformen, die sich aus rein akademischen, z.B. didaktischen Gründen ergeben. Dazu ein Beispiel aus meiner eigenen früheren Tätigkeit als Biologe an einer Universität in den USA. Ich war eingesetzt als Lehrer in einer Lehrveranstaltung, die der Frage gewidmet war, wie es komme, dass im Laufe der Entwicklung eines mehrzelligen Organismus aus einer befruchteten Eizelle einheitlicher genetischer Konstitution so viele verschiedenartige Zellen entstünden. Ich hielt meine Vorlesung für einen Erfolg, bis mir einige Studenten eines Tages eröffneten, sie könnten meiner Vorlesung nicht folgen. Sie hätten zwar erhebliche Kenntnisse über den Seeigel und die Maus in ihrer äusseren und inneren Erscheinungsform, aber ihnen fehlten die Voraussetzungen, meinen Argumenten über Informationsfluss vom Erbfaktor zur ausgestalteten Zelle zu folgen. Ähnliche Kritik richteten die Studenten an meine Kollegen in Genetik und Physiologie. Wir Kollegen nahmen diese Kritik sehr ernst und brüteten zusammen mit den Studenten über Lösungen, die wir auch bald fanden. Unser ganzes Biologie-Curriculum stand nämlich auf dem Kopf, indem es mit dem Komplizierten anfing (Maus und Seeigel) und mit dem Einfachen aufhörte (Moleküle). Das Curriculum war historisch so gewachsen, weil über lange Zeit die Überzeugung bestand, etwas mit den Augen Erkennbares – die Maus – sei anschaulicher und deshalb einfacher und verständlicher als etwas anderes, das nur durch indirekte Methoden sichtbar gemacht werden könnte, z.B. Moleküle. Die allmähliche Wendung in der Biologie, vom Betrachtenden zum Kausalanalytischen, brachte es indessen mit sich, dass immer häufiger von Lehrern wie auch von mir selbst molekulare Mechanismen zu Hilfe gezogen wurden, um übermolekulare Phänomene zu erklären. Nach dieser Erkenntnis beantragten wir bei der für Studienpläne zuständigen Instanz die völlige Umkehrung des Curriculums, was uns auch zugestanden wurde und praktisch über Nacht zu einer ganz erheblichen Verbesserung der Verständlichkeit des Lehrinhalts führte.

Kann es auch Reformen geben im Bereich der Forschung, jenem weiteren wichtigen Schlüsselausdruck des Zweckartikels? Ganz bestimmt, und zwar sowohl am bestehenden Forschungspotential der Hochschule als auch bei der Schaffung neuen Forschungspotentials. So wurde z.B. erkannt, dass in unserem Land im breiten Sektor der Energieforschung das Forschungspotential zu wenig zum Einsatz kommt und damit die Gefahr besteht, dass sich schon in naher Zukunft in bezug auf Energieversorgung ernsthafte Schwierigkeiten ergeben können. Es ging also darum, die Energieforschung anzukurbeln. Ausgangspunkt für die zu treffenden Massnahmen war auch hier das Studium der Forschungsinhalte. An unserer Hochschule hat dieses Studium zu verändertem Einsatz des bestehenden Potentials, z.B. in Richtung von Energiespeicherung, geführt und ausserdem zur Erkenntnis geführt, dass unser Forschungspotential im Bereich der Energieübertragung und der Energiewandlung verstärkt werden muss.

Ich möchte jetzt nicht weitere theoretische oder praktische Beispiele von Reformen von Lehre, Studium und Forschung aufführen, aber Sie bitten, sich in Ihren späteren Beratungen darüber klarzuwerden, wann Ihre Kommission von Reformen spricht. Würden, so meine konkrete Frage, auch aus Ihrer Sicht die Varianten eins und zwei des Forstbeamtenfalles, das Beispiel des Biologie-Curriculums und das Beispiel der Energieforschung als Reformen anerkannt?

2. Struktur- oder Funktionsreform?

Nach meiner Überzeugung sollte die Reform der Sache einer allfälligen Reform der Form vorangehen. Bleiben wir bei den Beispielen der beiden Varianten in der Försterausbildung oder jenem des Biologie-Curriculums. Sobald Einigkeit über den Inhalt der neuen Lehrziele, Lehrinhalte oder gar das Berufsbild besteht, muss nur noch geprüft werden, ob die bestehenden Formen die Ziele zu erreichen erlauben. Da mag man dann durchaus auf die Erkenntnis stossen, dass z.B. Art und Umfang von Prüfungen mit dem Erreichen der neuen Ziele nicht kompatibel sind. Und dann, aber erst dann, sollte die Reform der Prüfungsform in Angriff genommen werden. Weiter könnte es sich zeigen, dass die bestehende Struktur, also z.B. die Abteilung VI mit ihrer gesamten Organisation, oder die Interface zwischen den Abteilungen für Chemie und Naturwissenschaften für den Fall der Biologie das Erreichen der angestrebten Ziele erschweren. Und dann, aber erst dann, sollte man an den bestehenden Strukturen zu rütteln beginnen. Sie merken aus diesem Kommentar, dass ich persönlich nicht viel halte von Vorstössen, die auf Veränderungen von Formen und Strukturen als Selbstzweck hinauslaufen, ohne dass dahinter eine inhaltlich klare Zielvorstellung steht. Was unsere eigene Hochschule betrifft, bin ich der festen Überzeugung, dass die bis jetzt genannten Beispiele ohne irgendwelche Veränderungen der bestehenden Strukturen und Entscheidungsprozesse möglich sind. Hingegen glaube ich, das sei hier beigefügt, dass gerade z.B. die Form unseres Prüfungswesens noch wesentlich verbessert werden könnte. Ich glaube zudem, dass viele unserer Normalstudienpläne überlastet, zu stark auf die Vermittlung von reinem Wissen (statt auf jene von Verstehen und Können) ausgerichtet und zu stark spezialisiert sind.

Auch auf der Seite der Reformen an der Forschung sollte der
Inhalt der Forschung bzw. die Zielvorstellung im Vordergrund stehen.
Falls sich bestehende Strukturen oder Formen für die Erreichung der
neuen oder zusätzlichen Ziele als ungenügend erweisen, aber nur dann,
sollen sie geändert werden. Nehmen wir das Beispiel der Energieforschung. Auf nationaler Ebene wurde erkannt, dass es nicht einfach ist,
Forschungen in eine veränderte Stossrichtung zu lenken, ohne neue
Verfahren der Forschungsfinanzierung einzuführen. Es ist Ihnen bekannt, dass diese neuen Verfahren die Form der Nationalen Programme
angenommen haben. Einen ganz ähnlichen Weg haben wir auf Stufe
ETH am Beispiel der umweltbezogenen Forschung eingeschlagen, als
aus der Mitte der Hochschule überzeugend die Meinung hörbar wurde,
dass die ETHZ sich vermehrt umweltbezogener Forschung annehmen
sollte. Wir schieden einen Teil der uns für die Finanzierung von
Forschungsvorhaben zur Verfügung stehenden Mittel als sogenannte
Umweltmillion aus. Damit erhalten jene Forscher, die in der Lage und
willens sind, ein qualitativ hochstehendes Forschungsprojekt aus dem
Bereich der Umwelt zu bearbeiten, die Möglichkeit, dies zu tun. Und
noch ein Beispiel auf Stufe ETHZ: Die Erkenntnis auf nationaler
Ebene, dass das Forschungspotential im Bereich der Energie erhöht
werden sollte, hat den Schulrat dazu geführt, eine Professur für Energie-
übertragungssysteme zu schaffen, aber erst nachdem erkannt war, dass
das Thema von zentraler Bedeutung ist und dass die bestehenden
Strukturen den Bereich nicht wirkungsvoll abdecken. Das gleiche gilt
für die Schaffung unseres Toxikologischen Instituts. Es wurde zuerst
erkannt, dass Forschung der Umweltgifte der intensiven Pflege bedarf.
Es wurde dann erkannt, dass diese Pflege vom damals bestehenden
Potential nicht wahrgenommen werden konnte, und es wurde als Konsequenz die neue Struktur (das Toxikologische Institut) geschaffen. Auch
in diesen Fällen gingen also Fragen der Sache den Fragen von Struktur
und Form voraus. Auch in diesen Fällen war es übrigens nicht nötig, an
bestehenden Strukturen der Entscheidungsabläufe zu rütteln.

Ich bitte Sie, meine konservative Haltung in bezug auf Erhaltung
von Strukturen und Entscheidungsprozessen nicht pauschal als die
Haltung eines alternden Konservativen zu taxieren. Die Haltung ergibt
sich rein logisch aus dem ganz zu Beginn genannten Grundsatz, wonach
die Hochschulen Lehre, Studium, Forschung, Ausbildung und Vorbereitung auf die Verantwortung zu dienen haben, und dem Grundsatz,
dass Reformen sich am Inhalt dieser Hauptaufgaben der Hochschulen

abspielen sollen. Wenn Form oder Strukturänderungen unerlässlich sind zur Erreichung eines materiell geänderten Inhalts dieser Tätigkeit, dann ist ihnen zuzustimmen. Wenn sie nicht unerlässlich sind, sind sie nicht zuletzt deshalb abzulehnen, weil jede Strukturveränderung grosse Reibungsverluste erzeugt, die, so glaube ich, in den allermeisten Fällen unnötig sind.

3. Von wem sollen Reformen ausgehen?

Die Reformkommission hat den gesetzlichen Auftrag zum Studium von Reformen; sie kann sich diesem Auftrag nicht entziehen, und es folgt daraus, dass sie ein wichtiger Ausgangspunkt von Anstössen von Reformen sein muss. Wohl ebenso unbestritten ist, dass Reformen an unserer Hochschule von Abteilungen ausgehen können. So schreibt die Reformkommission in ihrem zweiten Tätigkeitsbericht: «Die Studenten sehen das Schwergewicht der Reformen bei den Abteilungen. Von dort sollten die Änderungen ausgehen, die wesentlich die Studenten berühren.»

Im dritten Tätigkeitsbericht findet sich dann allerdings die Bemerkung im Hinblick auf Anstösse zu Reformen: «Diese Äusserungen haben um so grösseres Gewicht, wenn sie nicht von einer Gruppe oder einer Abteilung ausgehen.»

Viel weniger klar ist, so glaube ich, die Frage, in welchem Masse Anstösse zu Reformen auch von andern Stellen, z.B. von den Hochschulbehörden, ausgehen sollen. Die Reformkommission schreibt dazu in ihrem zweiten Tätigkeitsbericht: «Obwohl beispielsweise dem Schulrat zusammen mit den beiden Vizepräsidenten die Leitung der Hochschulen obliegt, hat es dieser bis jetzt kaum als seine Aufgabe angesehen, Anstösse zu Reformen zu geben. Er beschränkt sich im wesentlichen darauf, die ihm unterbreiteten Vorlagen zu genehmigen bzw. zu erlassen.»

Dieser feststellende Satz lässt die Frage offen, ob er als Kompliment oder Vorwurf zu werten sei. Es würde mich sehr interessieren, die Meinung der heutigen Reformkommission zu erfahren: Erwartet sie, dass die Oberbehörde in vermehrtem Masse reformerisch tätig wird, oder ist sie umgekehrt der Meinung, die Oberbehörde solle ihre Hände von Reformen lassen? Ich habe bereits ein Beispiel einer reformerisch aktiven Haltung des Schulrates erwähnt, die Schaffung der Professur für Bauphysik anstelle einer weiteren Professur für Entwurf. Begrüsst die Reformkommission diese Haltung, oder lehnt sie sie ab?

*Ich habe den Eindruck, dass es für jede Reformkommission, die
zentral eingesetzt ist, ausserordentlich schwierig ist, Reformvorschläge
wirkungsvoll ins Ziel zu tragen.* Kehren wir nochmals zurück zu den
Beispielen des Forstbeamten und des Biologie-Curriculums. Ich wage
die Prognose, dass unsere Abteilung VI äusserst skeptisch auf einen
Vorstoss der Reformkommission reagieren würde, der darauf abzielte,
Veränderungen, etwa gemäss Variante eins oder zwei, herbeizuführen.
Sie würde geltend machen, die Lösung solcher Probleme sei ihre Sache.
Ebenso wage ich die Prognose, dass die Abteilung für Naturwissenschaften der Reformkommission die Sachkunde absprechen würde,
über die Frage des Richtungssinns der Ausbildung eines Biologen (von
der Maus zum Molekül, oder vom Molekül zur Maus) sich zu äussern.
In der Tat hat ja die grosse Reformübung über Lehrinhalte und
Ausbildungsziele ganz klar die verschiedenartigen Verhältnisse an den
einzelnen Abteilungen veranschaulicht (Tätigkeitsbericht der Reformkommission Nr. 6). Die Tatsache der Eigenart unserer Abteilungen
macht es grundsätzlich schwierig für ein einziges zentrales Reformor-
gan, abteilungsorientierte Empfehlungen abzugeben; die Abteilungen
haben die Tendenz, den zentralen Organen die hiefür nötige Sachkunde
abzusprechen. Will das zentrale Organ aber allgemein verbindliche,
übergeordnete Richtlinien aufstellen, die für die Mehrzahl der Abteilungen Geltung haben sollen, dann müssen solche Richtlinien, wollen
sie die Eigenarten berücksichtigen, einen ausserordentlich hohen Ab-
straktionsgrad erreichen; die Abteilungen zweifeln dann am Aussage-
wert der Empfehlung. Vor dem gleichen Problem, aber noch potenziert,
sieht sich z. B. die Kommission für Studienreform der Schweizerischen
Hochschulkonferenz mit ihrem Auftrag, Empfehlungen zur Hochschul-
reform an den schweizerischen Hochschulen auszuarbeiten.

Schlussbemerkungen

Ich komme zurück zur Feststellung im Tätigkeitsbericht 5, wonach eine eigentliche Studienreform noch nicht realisiert wurde. Die
Feststellung datiert vom 10. Dezember 1975 und umfasst somit eine
Tätigkeitsperiode von etwa 5 Jahren. Mich stimmt sie in mindestens
zweierlei Hinsicht bedenklich. Einmal frage ich mich, ob sie bedeute,
dass die Arbeitstechnik in Sachen Reform an der ETHZ, letztlich sogar
der Artikel 15 der Übergangsregelung, sich vielleicht als untauglich
erweisen sollte. Zum andern aber stehe ich unter dem bestimmten
Eindruck, dass in dieser Fünfjahresperiode in Tat und Wahrheit ein

überaus grosses Mass an Reformarbeit geleistet und an Reformen vollzogen worden sind; was mich dann zweitens bedenklich stimmt, ist die Frage, ob die Reformkommission vielleicht eine völlig andere Vorstellung des Reformbegriffs hat, als etwa ich ihn jetzt verwendet habe – ob wir also gleichsam aneinander vorbeireden. Diese Frage kann, so glaube ich, dadurch beantwortet werden, dass Sie den von Ihnen verwendeten Begriff der «eigentlichen Studienreform» ausdeuten. Ich denke, das könnte am besten in Form einer Diskussion erfolgen über die Frage: Was heisst eigentlich eigentlich?

2.20 Zukunftsprobleme der ETH[1]

Von allen Zukunftsproblemen der ETH interessiert wahrscheinlich die finanzielle Lage unserer Hochschule nach der Verwerfung des Finanzpakets die Mehrzahl der Anwesenden am brennendsten. Ich möchte deshalb Überlegungen zu dieser Frage an den Anfang meiner Ausführungen stellen.

Im Mai verabschiedete der Schweizerische Schulrat den Voranschlag 1978 der ETH im Betrage von 219 Millionen Franken exklusive Bauten. Er nahm gleichzeitig Kenntnis von unserer Absicht, 1978 eine Anzahl kleinerer Bauvorhaben im Umfang von 5 Millionen Franken zu realisieren. Ausserdem war für die Erstellung von Bauten aus Botschaftskrediten 1978 eine Zahlungstranche von 35 Millionen Franken vorgesehen.

Alle diese Zahlen hatten wir weisungsgemäss in der Annahme ermittelt, die Volksabstimmung vom 12. Juni verlaufe positiv. Aus der Presse wissen Sie, dass der Bund nun aussergewöhnliche Anstrengungen auf der Ausgabenseite wird machen müssen, damit sein Finanzhaushalt ins Gleichgewicht kommt. Bis zur Stunde haben wir keine verbindlichen Vorgaben für neue Voranschläge 1978 erhalten. Ich kann deshalb nur mutmassen, in welchem Umfang die Sparmassnahmen uns treffen werden. Einmal darf man wohl davon ausgehen, dass der Bund das Schwergewicht der Ausgabenreduktion auf den sogenannten Transferbereich legen wird, auf Ausgaben also, die nicht direkt mit der Erfüllung seiner eigenen Aufgaben im Zusammenhang stehen. Zum zweiten ist aber mit Sicherheit damit zu rechnen, dass der Bund auch im

---

1 Referat an der Gesamtkonferenz der Lehrerschaft der ETHZ am 23. Juni 1977.

Eigenbedarf, zu dem unsere Hochschule gehört, zusätzliche Sparanstrengungen wird machen müssen. Drittens ist anzunehmen, dass der Personalstopp zwar aufrechterhalten bleibt, ein Personalabbau aber nicht angeordnet wird. Schon das allein muss viertens zur Folge haben, dass die verschiedenen Dienststellen des Bundes nicht gleichmässig von Sparmassnahmen betroffen werden können, da sie verschieden hohe Personalanteile am Gesamtbudget haben; bei der ETHZ machen die Löhne drei Viertel der Betriebsaufwendungen aus. Fünftens heisst das, dass Kürzungen bei der ETH sich insgesamt an nur einem Viertel des Aufwands abspielen können.

In diesem Zielbereich allfälliger Kürzungen finden wir folgende ins Gewicht fallende Rubriken:

– die direkt mit Unterricht und Forschung verknüpften Rubriken (ca. 43 Millionen Franken; daraus werden die Kredite der Institute und Abteilungen bestritten, und daraus führen wir die Projektfinanzierung durch inklusive Anstellung befristeten Forschungspersonals. Ich kann dazu bemerken, dass diese Rubrik 1978 durch bereits bewilligte Forschungsgesuche schon heute mit über 12 Millionen Franken vorbelastet ist. Addieren wir zu dieser Zahl noch die vorgesehenen ordentlichen Institutskredite, so nähern wir uns bereits der Belastungsgrenze dieser Rubrik für weitere Projektfinanzierungen);

– die Rubriken Betriebsausgaben, Brennstoffe und elektrische Energie (ca. 10 Millionen Franken);

– die Rubrik Hauptbibliothek (ca. 3 Millionen Franken);

– die Rubriken Stipendien und Sozialleistungen (ca. 1,5 Millionen Franken inklusive Subventionen der Menüpreise in den Mensen).

Die Beträge der erwähnten Rubriken werden wir im Laufe dieses Sommers möglicherweise neu festlegen müssen. Wir werden dabei alles daran setzen, das Primat der Qualität in Lehre und Forschung hochzuhalten, d.h. die Rubrik «Unterricht und Forschung» ungeschoren zu lassen. Weil wir bis zur Stunde das Ausmass der verlangten Kürzungen insgesamt nicht kennen, kann ich heute nicht sagen, ob dieses Ziel erreichbar ist. Die Betriebsausgaben können wir nämlich nicht beliebig senken, zunächst deshalb nicht, weil wir sie schon bei Sparaktionen in den letzten 2 Jahren besonders stark gekürzt haben – ich erinnere an die Aktionen im Vervielfältigungswesen, der Gebäudereinigung und des Motorfahrzeugwesens. (Diese Massnahmen haben es uns übrigens ermöglicht, im letzten Jahr die Betriebserweiterungen auf dem Hönggerberg ohne Knick in der Ausgabenkurve vorzunehmen.) Wenn wir trotzdem noch ins Gewicht fallende Einsparungen bei der Gebäudereinigung erzielen wollen, kommen wir unweigerlich in die Situation, Reinigungspersonal zu entlassen, eine Massnahme, die in politischer und sozialer Sicht besonders verantwortungsbewusst zu beurteilen wäre. Wenig Spielraum haben wir auch bei der Bemessung der Aufwendungen für Brennstoff und Strom. Wenn wir auch immer wieder daran erinnern, mit Energie haushälterisch umzugehen, so haben wir doch auf die Preisgestaltung keinen Einfluss, und den Möglichkeiten des Wärmehaushalts, vor allem in Altbauten, sind regeltechnische Grenzen gesetzt.

Ein Abbau der Aufwendungen für Bibliotheken hätte besonders schwer wiedergutzumachende Konsequenzen. Eher in Betracht zu ziehen wäre ein Abbau der Subventionen für die Mensen; ich stelle mich auf den Standpunkt, das leibliche Wohl sei ein kleineres Anliegen der Hochschule als das geistige.

Die Rubrik «Unterricht und Forschung» ist für die Arbeit der Institute, Professuren und Abteilungen von derart zentraler Bedeutung, dass wir alles daran setzen müssen, sie von Kürzungen auszuschliessen. In den Sparaktionen der vergangenen Jahre ist uns das gelungen. Die Rubrik stellt aber einen derart grossen Teil unserer nichtpersonalbezogenen Aufwendungen dar, dass sie, je nach Ausmass der verlangten Kürzungen, gegenüber dem Voranschlag gekürzt werden muss. – Wir haben zwei Möglichkeiten, zu solchen Kürzungen zu kommen:

– Reduktion der Aufwendungen für befristete Projektfinanzierung und
– Reduktion der ordentlichen Kredite.

Von der ersten Massnahme würden potentiell alle Gesuchsteller gleichmässig betroffen. Wir würden die Mittel für diese Finanzierungsart nur ungern kürzen. Die Erfahrung der letzten Jahre hat nämlich deutlich gezeigt, dass über den Weg der Projektfinanzierung zahlreiche akute Personalnöte der Institute gelöst werden können. Diese Finanzierungsart erhöht die Flexibilität der Hochschule und kann qualitativ besonders bedeutende neue Vorhaben fördern. Die zweite Massnahme könnte, je nach Ausmass der nötigen Kürzungen, nur zu einem kleinen Teil darin bestehen, dass alle Institutskredite gleichmässig gekürzt würden, weil sonst die Mittel einer ganzen Anzahl von Instituten unter die kritische Grösse sänken. Die Schulleitung käme in diesem Fall nicht darum herum, gezielt zusätzliche Kürzungen vorzunehmen. Dabei würden hauptsächlich jene Institutsgruppierungen betroffen, in denen die Abgrenzung der Aufgaben nicht überzeugt oder die Gesamtaufwen-

dungen besonders hoch sind. Ich erwähne hier nur den Bereich der
Kern- und Teilchenphysik und den Bereich jener Institute, die sich mit
verschiedenen Aspekten von Wasserbau und Wasserwirtschaft befassen.
Wir haben die Kollegen dieser Fachgebiete bereits auf die Probleme
aufmerksam gemacht, und sie werden zurzeit einer Lösung entgegenge-
führt.

Aller Voraussicht nach werden Ausgabenreduktionen 1978 auch
unsere Bautätigkeit beeinflussen. Auch hier kennen wir das Ausmass
der verlangten Reduktionen noch nicht. Aber wir können mit Bestimmtheit damit rechnen, dass nicht der volle Betrag von 40 Millionen
Franken zur Verfügung stehen wird. Es wird darum gehen, in enger
Zusammenarbeit mit der Direktion der eidgenössischen Bauten die
laufenden Bauvorhaben fertigzustellen und damit die dringend benötig-
ten Flächen der grösseren Erweiterungsbauten im Zentrum und auf
dem Hönggerberg möglichst termingerecht bereitzustellen. Die Objekt-
leitungskommissionen sind angewiesen, nicht mehr auf kostenverursa-
chende oder verzögernde Projektänderungen und Spezialwünsche ein-
zutreten und überdies alles daranzusetzen, Kostenüberschreitungen zu
verhindern.

Trotz solchen Sparbemühungen wird es sich nicht umgehen
lassen, den Baubeginn einer Anzahl neuer, kleinerer Bauvorhaben
hinauszuschieben. Das wird einige Institute hart treffen, hatten wir doch
den erwähnten Betrag von 5 Millionen Franken für kleinere Bauvorhaben bereits aus einem Gesuchsberg von über 11 Millionen Franken
aussortieren müssen.

Diesen Bemerkungen zum Jahr 1978 möchte ich ganz kurz einige
Gedanken zu einem etwas weiteren Planungshorizont beifügen:

Zu Beginn des nächsten Jahrzehnts wird die ETH sich vor das
Problem der verstärkten Einordnung in gesamtschweizerische Belange
von Lehre und Forschung gestellt sehen, in einer Phase, die durch
Engpaßsituationen, verursacht durch den sogenannten Studentenberg,
geprägt sein wird. Das neue Hochschulförderungs- und Forschungsge-
setz erhält für uns vorwiegend den Aspekt eines Koordinationsgesetzes,
das die ETH namentlich im Bereich der Forschung betreffen wird.
Angestrebt ist eine bewusstere Konzertierung der Forschungstätigkeit
der kantonalen Hochschulen, der Bundeshochschulen und jener der
Bundesämter (denken Sie z. B. an die landwirtschaftliche Forschung im
Bereich des Eidgenössischen Volkswirtschaftsdepartementes und im
Bereich unserer landwirtschaftlichen Institute). Koordinationsbestre-

bungen tragen in sich die Gefahr der Nivellierung nach unten. Die Stimmen können schon jetzt nicht überhört werden, die die Meinung vertreten, die ETH sei derart gut mit Reserven dotiert, dass man ihre Mittel schmälern könne oder zumindest nicht mehr wachsen lassen soll. Wir werden uns solchen Angriffen auf unsere Substanz widersetzen. Der Schulrat hat zwar von Anfang an ja gesagt zum Grundsatz, dass die ETHs in das System einer gesamtschweizerischen Koordination einbezogen werden. Das darf aber nicht zu einer Minderung der Qualität führen. Diese Bedingung erscheint deutlich in der Botschaft des Bundesrates zum Entwurf dieses Gesetzes:

«Eine rationelle Aufgabenverteilung und eine wirksame gegenseitige Abstimmung darf für keine Hochschule den Verzicht auf den heute erreichten Qualitätsstand bedeuten. Der Bund als alleiniger Träger der Eidgenössischen Technischen Hochschulen wird besonders dafür Sorge tragen müssen, dass dieser Grundsatz für seine eigenen Hochschulen gültig bleibt. Der Aufbau von Ausbildungs- und Forschungsstätten von Weltruf erforderte jahrzehntelange, unablässige Bemühungen um die Gewinnung hervorragender Dozenten und die Beschaffung moderner Lehr- und Forschungseinrichtungen. Die Resultate dieser Arbeit können jedoch in relativ kurzer Zeit durch eine Politik des Abbaus und der Einschränkungen zerstört werden. Die Eidgenössischen Technischen Hochschulen erfüllen für unser Land zu wichtige Aufgaben, als dass der Bund bei ihnen eine Qualitätseinbusse in Kauf nehmen könnte.»

Erlauben Sie mir zum Schluss die Bemerkung, dass diese Erklärung des Bundesrates nicht antithetisch zu sein braucht gegenüber unseren eigenen Überlegungen zum Auffangen von Kreditkürzungen. Bescheidene Kürzungen – und ich bin zuversichtlich, dass sie bescheiden sein werden – brauchen nicht Abbau der Qualität zu bedeuten. Wir befinden uns in einer Phase, in der das materielle Wachstum der Hochschulen nicht ungebremst weitergehen wird und wo da und dort sogar ein kleiner Abbau der Mittel wird verkraftet werden müssen, von aussen verursacht oder auch von innen, als Folge nötiger interner Umlagerung von Mitteln. Ganz neu ist die Situation übrigens nicht, und ich ergreife gerne die Gelegenheit, Ihnen für Enthusiasmus, Einsatz und Verständnis zu danken.

Meinerseits versichere ich Ihnen, dass wir uns nach bestem Wissen und Gewissen bemühen werden, das Anliegen der ganzen Hochschule nicht aus den Augen zu verlieren, weder nach innen noch nach aussen.

2.21   A Renaissance Institute at the ETHZ[1]?

In his invitation to your symposium Professor Brian Vickers states that the topic is to be 'On the idea of a Renaissance Institute'. He continues by saying that present at the conference will be the directors and leading professors of some fifteen European institutes of renaissance research. The synoptic view of these two parts of the invitation makes one wonder what the precise meaning of the indefinite article 'a' is in the title 'On the idea of a Renaissance Institute'. Does Vickers want to collect information on how such a renaissance institute is to be conceived as seen from the experienced minds of colleagues in Europe who direct one? Or does he think that the fifteen existing ones aren't really properly termed renaissance institutes and that it was high time to found one? Or does he attempt to blind the critical eyes of an administration keen on coordination, by using 'a', when he really means 'another'? Or did – what I don't assume happened – the holder of our chair of English Literature fail critically to review every word of his title including the indefinite article for its potential semantic significance? I have no answer at the moment, but I'm confident that your conference will clarify at least these points.

Let me quickly state, that I for one am sympathetic to the idea of a renaissance institute. When I was a high school student at the Gymnasium of Aarau, my favorite biology professor Paul Steinmann, by training and hobby not only a biologist but also a devoted and practicing scholar of Latin and Greek, happened to be involved in the concept of 'studium generale'. There was much concern at the time about the fact that the training in our gymnasium was a mere juxtaposition of independent pillars of knowledge such as Latin, history, French, German, biology, chemistry, mathematics, physics and so on, but that what was missing, was the interacting of these pillars to the formation of a cohesive body of knowledge that was more than additive. One concept of the 'studium generale' was the idea to package academic formation not into the vertical slices of the knowledge of disciplines but horizontally, into an 'imago mundi' each of a time in history. What was in the times of ancient Greece the state of the art in literature, in astronomy, in

---

1 Eröffnung des Symposiums «On the idea of a Renaissance Institute» am 8. Juni 1976 in Zürich.

biology, in mechanical engineering, in chemistry? And which were the relative states of the art during renaissance?

This concept, as you all know, did not come through. Among the several followers of the concept I would like to mention only one today: the one that has been guiding us in our attempts to solve the acknowledged problem of lack of insight from the large group of disciplines collectively called sciences, into that other large group of disciplines collectively called humanities. Karl Schmid, one of the leading scholars in the division of humanities and social sciences of our institution, called the concept that of 'complementarity of formation'. The professors of our division of humanities have the mandate of providing profound insights into their world of academic endeavor, to our students in engineering, mathematics and the natural sciences. The possibilities available to these professors in the humanities are severely limited. For one thing, our institution does not provide degrees in history, or philosophy, or jurisprudence, or English, and as a consequence these professors do not have an apparatus of assistants and technicians so typical for a research institute in the sciences. These chairs consequently neither constitute nor generate schools. We leave the training of historians and philosophers to the universities, but we want our students to have a chance to know what philosophy and history are and where they are moving.

One might fear that with this scheme we would fail to attract outstanding faculty. The facts at hand demonstrate that this is not the case. One of the reasons that we have succeeded and do succeed in attracting outstanding faculty to these chairs is the fact that their students come to the classroom not because they have to come, but because they want to come. Furthermore there is that category of scholars who are convinced that great achievement is possible without large infrastructure. 'For heaven's sake, please no pupils', Carl Gustav Jung wrote to a former president of this institution who had written to Jung that, should he come to our institution (which he did), he would have to bear with the fact of not generating a school.

I would like to return to the title of this symposium and the potential meaning of the indefinite article: 'A Renaissance Institute'. What professor Vickers perhaps meant is: 'A Renaissance Institute at the ETH'. From what I said I believe it should follow that such an institute should not be thought of in the sense of a large apparatus as we have them in the sciences. What I think the institute could be and should be is a focus. In the physical sense a focus is a very bright but very small spot. In more philosophical terms a focus is a small gathering area of quanta of enlightened minds. Back to the picture of optics: on a system of lenses quanta of light come to the focal plain and then leave it. And in this sense perhaps the institute should be conceived as a tiny center of excellence to which bright minds of renaissance studies converge to the man in residence intermittently just as it is happening today. And what, then, would emerge? Perhaps a series of conference proceedings. I know one case in my own field of biology where such a gathering place, made attractive by a gifted man, kept attracting brilliant minds in quantitative biology from all over the world, and the proceedings of these meetings still now rank among the best in our literature.

Maybe the 'Jacob Burckhardt (or ETH?) Symposium on Renaissance Studies' will constitute our Renaissance Institute.

2.22   Zur Problematik der Abteilung für Geistes- und Sozialwissenschaften an der ETHZ[1]

Die Wertschätzung der Geistes- und Sozialwissenschaften in der Ausbildung für Naturwissenschafter und Ingenieure der ETH dürfte so alt sein wie die ETH selbst. Jedenfalls schrieb ein Schulratspräsident 1859: «Sie bieten das Mittel, die Jugend im steten Rapport mit den grossen moralischen Hebeln zu erhalten, die so sehr wie Mathematik und Naturwissenschaften die Welt bewegen.» Dieser Gedanke ist immer wieder neu formuliert worden, und ich finde es wenig sinnvoll, ihn am Anfang der heutigen Tagung abermals umzuformulieren. Hingegen ist die Realisierung des Gedankens immer wieder mit Problemen konfrontiert worden, die uns heute zusammenführen.

An den Anfang meines kurzen Einführungsreferats möchte ich die *These stellen, dass die Problematik unserer Abteilung XII ihre Ursache nicht in ungeeigneten Gesetzen oder Reglementstexten hat.* Die Übergangsregelung aus dem Jahre 1970 sagt affirmativ, dass in die Ausbil-

---

1 Einführendes Diskussionsvotum an der Arbeitstagung der Abt. XII am 3. Februar 1978 auf Schloss Lenzburg.

dungsbereiche der Ingenieure, Architekten, Mathematiker und Naturwissenschafter Disziplinen der Geistes- und Sozialwissenschaften einbezogen werden. Die von ihrer Abteilung 1969 geforderte generelle
Zulassung geistes- und sozialwissenschaftlicher Disziplinen als Wahlfä-
cher im Schlussdiplom ist vom Regulativ her bei einer ganzen Anzahl
von Abteilungen bereits gegeben, und die noch säumigen Abteilungen
werden bald nachfolgen.

Wenn Sie dieser These zustimmen, dann muss das Unbehagen,
das uns hier zusammenführt, die Ursache anderswo haben. *Aus meiner
Sicht besteht das Problem in der Art und Weise der Verbindung der
Abteilung XII einerseits mit den Fachabteilungen I-X anderseits.* Viele
Kollegen in den Fachabteilungen stört das teilweise sehr ausgeprägte
Eigenleben der Geistes- und Sozialwissenschaften an unserer Hochschule, und viele möchten die Feldprediger zur Truppe rufen. Dabei möchte
ich einschränkend vorwegnehmen, dass aus meiner Sicht kaum ein
Problem überhaupt besteht in bezug auf diese Verbindung der Bereiche
der Rechtswissenschaften, der Kunstgeschichte und der Denkmalpflege.
Ich glaube, die Erklärung für die Problemlosigkeit dieser Integration
findet sich ganz oder zum Teil darin, dass diese Bereiche solide veran-
kert sind in den Normalstudienplänen von Fachabteilungen.

Ich möchte nun gleichsam auf einer Skala die Problemintensität
der verschiedenen Teilbereiche der Abteilung für Geistes- und Sozialwissenschaften in ihrer Verknüpfung mit den Fachabteilungen anordnen. Ich stosse dabei zunächst auf die Wirtschaftswissenschaften, deren
Lehrprogramm ja auch Bestandteil von Normalstudienplänen ist, wobei
aber seitens der Fachabteilungen nicht selten bemängelt wird, dass die
Problembezogenheit jener Lehrveranstaltungen zu wünschen übriglas-
se. Etwa auf der gleichen Stufe der Problemskala finden wir die Verhaltenswissenschaften. Auch sie sind Gegenstand von Normalstudienplänen. Wenn man aber das Gebiet der Didaktik und der Pädagogik mit zu
den Verhaltenswissenschaften rechnet, dann muss offensichtlich ein
Problem bestehen, denn sonst bestünde in Ihrer Abteilung nicht die
wiederkehrende Forderung nach Schaffung einer Professur für Pädagogik, und sonst würde nicht seitens der Fachabteilungen immer wieder
das Postulat vorgebracht, die Didaktikbetreuung, nicht zuletzt der
Hochschullehrer, wäre verbesserungsbedürftig. Mit einem grösseren
Abstand auf der Problemintensitätsskala folgen dann aus meiner Sicht
die Gebiete der Geschichte, der Philosophie, der Sprachen und der
Literatur. Dort, so höre ich Stimmen aus den Fachabteilungen, besteht

kaum ein Ansatz zu einer echten Integration von Geistes- und Sozialwissenschaften in die Stoffgebiete der Fachabteilungen.

Herr Kollege Widmer wird anschliessend aus der Sicht der Planungskommission, die sich im Zusammenhang mit der Dozentenplanung der ETH mit dem Problemkreis XII auseinandergesetzt hat, mit viel mehr Front- und Detailwissen Ergänzungen und Korrekturen anbringen können. Bevor wir zu diesen detaillierten Ausführungen übergehen, möchte ich immerhin einige beschrittene oder mögliche Auswege aus dem Unbehagen aufzeigen.

– Vor kurzem erreichte mich aus Kreisen der Abteilung für Naturwissenschaften ein Kreditgesuch für Mittel, die zur gruppendynamischen Begleitung eines Lernprojekts verwendet werden sollten. Ich wies die Gesuchsteller darauf hin, dass im Lehrkörper der Abteilung XII in der Person von Herrn Kollege Delhees ein Psychologe mit langjähriger Erfahrung in gruppendynamischer Betreuung vorhanden ist, und bat die Gesuchsteller, die guten Dienste von Herrn Delhees für ihr Projekt zu mobilisieren. Es ging mir dabei weniger darum, die beantragten Fr. 8000.– zu sparen, als vielmehr darum, einen Kollegen Ihrer Abteilung in ein Projekt einer Fachabteilung einzubauen. Darüber hinaus möchte ich hoffen, dass ein Einsatz von Herrn Delhees in diesem Projekt auf potentielle Besucher seiner Psychologievorlesung alertierend wirken könnte.

– Wäre ich selbst noch Professor in den Naturwissenschaften und konfrontiert mit der Problematik, die wir heute behandeln, so würde ich anregen, dass Herr Kollege Huber in meiner Lehrveranstaltung über Entwicklungsbiologie in jenem Abschnitt von seinem Fachgebiet her mitmacht, wo ich versuche, mit einfachen physikalischen und chemischen Gesetzen kompliziertere Lebensvorgänge zu erklären; ich fände es für mich und meine Studenten spannend, einen Philosophen über die Grenzen solcher reduktionistischer Betrachtungsweisen zu hören. Im Vorlesungsverzeichnis würde die Vorlesung vielleicht unter meinem Namen und jenem von Kollege Huber erscheinen.

– In meiner Vorlesung über Genetik würde ich zum Abschnitt Genmanipulation und Populationsgenetik versuchen, z.B. Herrn Kollege Tobler beizuziehen, der als Historiker insbesondere die wirtschaftshistorischen Konsequenzen der in Russland bzw. Kanada gewählten Weizenzuchtstrategien nachzeichnen könnte. Ja vielleicht könnte er einen fast zeitgeschichtlichen Beitrag zur Frage liefern, wieweit eine politische Ideologie im Falle der UdSSR die «Wissenschaft» beeinflusst hat. Auch den Beizug eines Sozialethikers könnte ich mir, besonders im Zusammenhang mit Genmanipulation neuer Prägung, durchaus vorstellen.

Mit diesen Beispielen zeige ich, dass ich davon ausgehe, die zu den Natur- und Ingenieurwissenschaften komplementären Kenntnisse der Geistes- und Sozialwissenschaften sollten mit jenen «verzahnt» an die Hörer gebracht werden, nicht *nur* in eigenständigen Lehrveranstaltungen. Ich weiss nicht, ob Sie dieser These zustimmen können. Wenn ja, wäre es interessant, mit viel mehr Beispielen eine Verzahnung etwa auch der Sprach- und Literaturwissenschaften zu skizzieren. Könnte nicht Kollege Ris in der Vorlesung über Spezielle Botanik, wenn die Taxaceae behandelt werden, einen dialektologischen Beitrag über die Eibe in der Schweiz bringen und damit den Appetit einiger Hörer für seine eigenständigen Dialektologievorlesungen anregen? Und bei den Fremdsprachen? Vielleicht fänden Sie, Romanisten und Anglisten, den Einstieg in die Fachabteilungen über den Weg der Geschichte. Ich bin sicher, dass Vickers die Renaissance so gut kennt, dass er über «Imagines mundi» einer ganzen Reihe von Fachgebieten aus der Renaissance sprechen könnte.

Ich lege Wert auf die Feststellung, dass der Beitrag Ihrer Abteilung sich nicht auf die Lehrleistung in solchen «verzahnten» Veranstaltungen beschränken dürfte. Die meisten von Ihnen werden eigenständige, disziplin-inhärente Vorlesungen halten wollen, und das muss so sein, wenn Sie nicht Schaumschlägerei betreiben wollen. Aber ich meine, durch ein Exponieren von Kollegen der Abteilung XII in verzahnten Lehrveranstaltungen könnte der Zuzug zu den eigenständigen Vorlesungen verbessert werden.

3
Die Hochschule im Gemeinwesen

3.1   On the Social Relevance of University Research[1]

In University circles one frequently hears the argument that research cannot be planned except by the researcher himself. The motive behind this attitude is both noble and utopian. It is the motive for the so-called autonomy of the university. Who could, a similar argument goes, except the university itself, decide which research be pursued?

I believe that this isolationists's attitude in its strict form has to be rejected on several grounds. The researcher at the university is very often paid by the community, and it is only natural that this community, especially in times of scarcity of means, expects a return, now or in a distant future, from what the researchers do. Furthermore, a good many universities are neither organized, nor prepared internally to self-administrate research funding. In a republic of kings[2] any consensus would indeed be hard to reach!

Thus we have to accept that the state will decide at least on the *level* of support universities receive. If a state supports more than one university, it is inevitable that the respective shares of public money be allocated, and this requires *planning*. Universities should have a major say in this process, each defending its case with the goal of enabling its professors to conduct and lead outstanding research.

Once a university has received its share, it should put an intelligent structure to work that ensures an internal distribution of funds so that as much good research work as possible is permitted. This structure must be both sufficiently intelligent and powerful to be able to recognize – and support – good research and to recognize – and not support – poor research. What good can bad research do? The results of this effort should show, when the university defends its case again in the next round of planning at the state level. Parenthetically I'd like to mention that each university should of course be free to use at its discretion any money that it receives from donors other than the state – e.g. by so-called contract or sponsored research.

In some countries, governments and politicians will not be satisfied with this modus operandi. Rather, in response to popular

---

1 Zusammenfassendes Referat am Schluss der Tagung der Europäischen Hochschulrektorenkonferenz am 18. November 1977 in Zürich.
2 Expression used by the late Karl Schmid.

demand and/or real insight, they will demand that special topics, declared as National Needs, or Problem Oriented, receive special support. This notion is sound as long as our best scholars – both from inside universities and outside – are engaged in formulating and executing such programs. These programs need not curtail the freedom of research as long as each researcher is free to participate in them or not. If the launching of such programs helps reestablish confidence of the public in the social awareness of researchers, the universities should in my opinion support the idea. According to this model, again *at the state level* it would be decided what fraction of research money goes into nonearmarked research of each university as opposed to earmarked research funds set aside for those university researchers that choose to participate in a particular program.

Mutatis mutandis, the same format of supporting research in selected areas is also possible at the level of each university; in this case, the decision on the selection of topics is at the discretion of the university.

The question has also been raised as to whether *quality of research* can be planned. I believe so: by the selection procedure used on the occasion of professorial appointments. Universities are well advised to rely heavily on outside experts in choosing new members of the faculty. The quality of research is a direct function of the quality of the researcher. No university can conduct good research without good researchers. Research policy of a university therefore becomes policy of professorial appointments: to appoint specialists for the unexpected. A university is attractive to an outstanding scholar not primarily by its location, but by its academic environment. The academic environment is a function both of the quality of colleagues and the organizational framework. 'The traditional hierarchical order, with the most experienced scholars at the top, the collaborators in the middle, and the students at the bottom is justified not because it is traditional, but because it is reasonable and just[3]'. A good university will want to adhere to it and not let itself be sidetracked into the course of so-called democratic structures.

So much on planning of university research. Now some insights from our discussion on the so-called social relevance of university research, both in social sciences and humanities, and in the natural sciences. *Whether we like it or not, the call for social relevance exists.* We

3 After Steven Muller, Die Zeit, No. 30, 1977.

could respond to this call by not entering in the matter, convinced, as we are, that these discussions are rather futile. I am afraid that this defensive attitude will not lead us very far in our struggle for support. Instead, we should choose to attack. Can anybody earnestly challenge the view that research in political economy is important in the formation of political economists? That insights in the causes for success and failure of the past – in political sciences – are important for finding better ways of decision-making processes in the present and the future? That ever-increasing scholarly knowledge in jurisprudence is a conditio sine qua non for better laws and better practicing law? And who would deny the avid interest of a large segment of the people of civilized nations in scholarly discoveries – and therefore research – of our colleagues in Egyptology, in view of the large sales of corresponding books? And of literature research in view of the large sales of good – not only bad! – books? And wasn't mankind ever since the tower of Babel interested in languages? The symmetrical question was raised with respect to sociology, but the answers remained a bit vague, perhaps because its subject is particularly complex. May the sociologists find the answer, because, as one member of the conference put it, each branch of social sciences and humanities may have to defend its own value, and therefore, social relevance. Those of us who are not convinced yet of the potential usefulness of their science should make an effort to increase their own awareness, and we all should use our role of advisors of politicians for convincing them, and through the mass media, the educated public.

Much of what was said about humanities and social sciences applies for natural sciences. Their goal, too, is to augment knowledge. For the scientific community, this goal constitutes a value in itself. This value is not limited to so-called basic research, but is equally valid for so-called applied research, particularly if through a process of making engineering sciences more scientific, the borders between these two become diffuse.

Even though the scientific community may have reached a consensus on this issue, two areas of dispute remain between natural sciences and the public: one, the ethical issue, two, the political controversy.

To the first:

It is a political fact that the public wants to be informed by the researcher in the natural sciences (and engineering sciences, too) of the potential hazards of his doing. There exists a widespread distrust of the public in the preparedness of scientists to carry this added responsibility alone. Just precisely how this serious problem should be solved merits earnest discussion and study. For it is imperative for natural science and engineering science to gain back the confidence of the people.

To the second:

Whether we like it or not, the public wants to know the usefulness of research in the natural sciences, much more so than in the humanities, perhaps because of the enormous *costs* of research in the natural sciences. But this does not constitute a problem: medicine and chemistry, e.g., through the commodities of their daily application furnish ample proof of social relevance. The general public wants the daily commodities in the communication field including radio and television. And it is easy to trace the connections between electrical engineering, semi-conductor technology, solid state physics, high-energy particle physics to theoretical physics and mathematics – to give just one example. It is alright for the public to expect this relevance as long as this expectancy does not interfere with the freedom to carry out creative research, and as long as it does not interfere particularly with the freedom of choosing one's method of approach. (I feel it is necessary to qualify this latter demand in the sense that the public may not always be in a position to guarantee the freedom of method, again for financial reasons. Our material scientists, e.g., used to utilizing neutrons for their neutron-scattering experiments only a few years ago were faced with the fact that our institution could no longer keep the necessary research reactor running, for lack of money. By closing down this reactor we severely reduced the freedom of choice of method. I may add that the resulting problem was solved by resorting to international collaboration. Making available equipment for big science is certainly one of the most beneficial forms of international cooperation.)

In spite of some doubtful votes on this issue, I don't think that this conference meant to convince its members of value and usefulness of university research. *We believe in it.* But the conference recognized a need for increasing our efforts to convince a broad public and its representatives in politics, both with respect to the so-called social relevance of research and its ethical implications. These efforts are both necessary and rewarding. 'We don't need much – we just want more[4].'

But so does everybody else.

4 Kay, this conference.

3.2   Biologisch-medizinische Technologie und Gesellschaft[1]

Nicht jede Erkenntnis bedeute Fortschritt, sagte ein Redner anlässlich eines Podiumsgesprächs, das kürzlich an der ETH durchgeführt wurde. Dieser Satz eines hochangesehenen Politikers enthält in knapper Form ein ganzes Arsenal forschungspolitischer Fragen, die uns bewegen.

Es gab in unserem Jahrhundert Zeiten, in denen Forscher in relativ geringer Zahl mit relativ bescheidenen Mitteln forschten. Kaum jemand störte es, dass diese Forscher forschten, was immer sie forschen wollten, in völliger Forschungsfreiheit, häufig allein. Es gab Zeiten, in denen Regierungen ihre Überzeugung artikulierten, dass Forschung zu den Grundfesten des Überlebens eines Staates gehört und deshalb prioritär gefördert werden sollte. Ich erinnere an die Entwicklung der Forschungsförderung in den Vereinigten Staaten post Sputnik. Der Begriff der Forschungsfreiheit änderte sich im Wandel der Zeiten in dem Sinne, dass der Forscher nicht nur mehr Anspruch darauf erhebt, nach seinen Wünschen frei forschen zu können, sondern zusätzlich erwartet, dass jemand die dabei entstehenden Kosten trage. Das ging so weit, dass Forschungsförderungsgesellschaften – auch hierzulande – ein Rekursrecht für negative Gesuchsentscheide einführten, wie wenn die Freiheit des einen – des Forschers – die Pflicht des andern – der Gesellschaft – implizierte, ihn zu unterstützen.

Die Forscher stehen in dieser Erwartung allerdings nicht allein. Da gibt es ja auch etwa die Autofahrer, denen das Schweizervolk in Abstimmungen Autobahnen für ihre Tätigkeit beschert hat, und die Landwirte, deren Tätigkeit von der öffentlichen Hand unterstützt wird. Gerade die Landwirte werden mit Recht sagen, der Staat habe gar keine Wahl, ob er sie unterstützen wolle oder nicht; landwirtschaftliche Produktion aus dem eigenen Land sei unabdingbare Voraussetzung für das Überleben des Gemeinwesens.

Seit durch die Mittelverknappung Zielkonflikte entstanden sind in den Aufwendungen für Strassenbau, Landwirtschaft, Forschung – um nur drei Bereiche zu nennen –, gewinnen Kernsätze an Bedeutung. «Jede Ähre hat Nährwert», kann der Bauer unbestreitbar sagen. «Nicht jede Erkenntnis bedeutet Fortschritt», hat ein verantwortungsvoller

---

1 Eröffnung der Ringveranstaltung der Universität und der ETHZ zum gleichen Thema am 24. November 1977.

Politiker in bezug auf Hochschulforschung gesagt. Also: Wie steht es um den Nutzen der Forschung? Meine Damen und Herren Forscher, weder brauchen Sie mich noch brauche ich Sie davon zu überzeugen, dass Forschung eine Investitionstätigkeit par excellence ist. Wir alle wissen und glauben, dass der sogenannte Lebensstandard, ausgedrückt durch die täglichen Kommoditäten aus dem Bereich der Elektrotechnik, des Maschinenbaus und des Bauwesens, undenkbar wäre ohne die Grundlagen und die Entwicklungsforschung der vorgespannten Ingenieurwissenschaften und Naturwissenschaften. Wir alle wissen auch, dass der Lebensstandard, ausgedrückt durch die täglichen Kommoditäten in den Bereichen der Bildung, Ernährung, medizinischen Versorgung, iuristischen Beratung, undenkbar wäre ohne die Forschung in den respektiven Fächern der Geistes- und Sozialwissenschaften inklusive Philosophie, Theologie und Jurisprudenz, Land- und Forstwirtschaft, Physik, Chemie und Biologie. Wir sind alle davon überzeugt, dass das Errungene undenkbar wäre ohne mathematische Forschung, und schliesslich erleben wir mit jeder Ausgabe von «Current Contents», dass unsere Wissenschaften mit einer unerhörten Dynamik voranschreiten, selbstregulierend konzertiert mit den Nachbarwissenschaften. Uns selbst dürfte es auch nicht besonders schwerfallen, erwiesenen Nutzen vergangener Forschung auf dem Gebiet dieser Ringveranstaltung nachzuweisen oder mutmasslichen Nutzen kommender Forschung mindestens skizzenhaft zu zeichnen. Genmanipulation hat in der Vergangenheit enorme gesellschaftliche Konsequenzen gehabt: Die Fehlsteuerung beim Getreidebau am einen Ort hat die Ernährung eines Volkes in Gefahr gebracht, und der richtige Verlauf der Forschung am andern Ort hat zum landwirtschaftlichen Reichtum jener Nation geführt. Technische Mikrobiologie von gestern ist in der Antibiotikaproduktion von heute und morgen nicht wegzudenken. Technische Biologie von morgen verspricht einen grossen Beitrag zur Lösung der Probleme energiesparender Synthesen, vielleicht der Ernährung. Die Themen von Transplantation, von Geburtenkontrolle, Lebenserwartung sind von grosser sozialer Tragweite. Uns selbst fallen diese Erkenntnisse leicht.

Aber nicht wir selbst sind es, die darüber entscheiden, wieweit das Gemeinwesen unsere Arbeit für notwendig oder richtig hält. Denn nicht jede Erkenntnis bedeute Fortschritt, hat jener Politiker gesagt. Wenn wir optimistisch annehmen, dass Fortschritt honoriert wird, sollten wir uns bewusster denn je anstrengen, unser Tun und Lassen in den grösseren Zusammenhang nicht nur des wissenschaftlichen, sondern auch des staatlichen Gemeinwesens zu plazieren und zu beurteilen. Missverstehen Sie mich nicht: Ich schlage nicht vor, die sogenannte Grundlagenforschung zu beschneiden, aber ich schlage vor, dass der Pflanzenphysiologie die möglichen Konnexe seiner Grundlagenforschung zur Düngelehre und damit zur Ernährung aufzeigt; das ist nur ein Beispiel.

Die Forschungsförderung ist nämlich ein Dosisproblem. Die relativen Anteile des Staatshaushalts für Forschung und Entwicklung sind Schwankungen unterworfen, deren Ausmass zwar durch die Forscher beeinflusst werden sollte, aber durch die Politiker bestimmt werden muss. In knappen Zeiten sind die Politiker versucht zu fragen, wozu diese oder jene Forschungsvorhaben nützlich seien. Man kann über diese Haltung geteilter Meinung sein; aber sie existiert. Persönlich hielte ich es nicht für nachteilig, wenn die Forscher hin und wieder ihre Publikationslisten betrachteten und sich die Frage stellten: Bedeutet diese Erkenntnis Fortschritt?

Unsere Ringveranstaltung wird sich einem weiteren Problem an der Nahtstelle Wissenschaft und Gesellschaft zuwenden wollen: der Vertrauensfrage in den ethischen Implikationen unserer Forschung. Wir müssen ausgehen vom politischen Faktum, dass weite Kreise bezweifeln, ob der Forscher die Verantwortung hiefür allein zu tragen vermöge. Persönlich glaube ich, dass gerade das von Forschern sich selbstauferlegte Moratorium für gewisse Arbeiten in Genetic engineering den Beweis eines hohen Verantwortungsbewusstseins erbracht hat. Es ist aber derart wichtig, dass die Wissenschaft das Vertrauen der Bevölkerung auf der ganzen Breite zurückgewinnt, dass wir bewusster als zuvor Wege suchen sollten, die Kluft verschwinden zu lassen.

Im Wissen, dass diese Ringveranstaltung mit philosophischen Perspektiven ausklingen wird, fand ich es angebracht, sie mit ein paar politischen Gedanken zu eröffnen. Schon allein dadurch, dass die Zürcher Hochschulen diese Veranstaltung durchführen, zeigen sie, wie ernst sie die Probleme nehmen.

3.3   Eine neue Aufgabe: Toxikologische Forschung[1]

Ich möchte der heutigen Orientierung über das Toxikologische Institut der Zürcher Hochschulen folgende Überlegungen voranstellen:

1. Ein Beispiel aktiver Forschungspolitik

Am 18. Dezember 1969 unterbreiteten Nationalrat Dr. Julius Binder und 27 Mitunterzeichner im Nationalrat folgende Motion:
«Gemäss Artikel 20 des Bundesgesetzes über den Verkehr mit Giften fördert der Bund die wissenschaftliche Lehre und Forschung auf dem Gebiet der Toxikologie. Diese Bestimmung enthält jedoch kaum eine selbständige Finanzierungsbasis. Die Schaffung eines toxikologischen Institutes bedarf eines besonderen Bundesbeschlusses.
Der Bundesrat wird deshalb beauftragt, den eidgenössischen Räten Bericht und Antrag über die Errichtung eines zentralen toxikologischen Institutes an der ETH zu erstatten.»
Ich möchte nicht im einzelnen schildern, welche Gremien in der Folge an wie vielen Sitzungen und Konsultationen was für Probleme gewälzt haben; ich möchte nur festhalten, dass das Toxikologische Institut heute im Betrieb ist. *Auffallend an seiner Genese ist die Tatsache, dass der Anstoss vom Entscheidungsträger gekommen ist.* Das ist nicht die Regel. In der Regel kommt der Anstoss für ein neues Vorhaben an der Hochschule von der Hochschule selbst, ihren Lehrern und Forschern. In der Regel hat sich deshalb die Oberbehörde *reaktiv* mit dem Vorstoss zu befassen (im Falle des Nationalrates etwa bei der Beratung der Voranschläge). Im Falle der Errichtung des Toxikologischen Instituts aber hat der Entscheidungsträger selbst die Initiative ergriffen; er selbst ist also forschungspolitisch wegweisend und aktiv geworden. Die Vollzugsorgane (Bundesrat, Schulrat und ETH) hatten den Willen des Entscheidungsträgers in die Tat umzusetzen.
Was wir am Beispiel der Errichtung des Toxikologischen Instituts konkret erlebt haben, spielt sich – in anderer Form – bei den Nationalen Programmen ab. Hier legt der Bundesrat bestimmte *Forschungsthemen* fest und setzt für den Vollzug eine bestimmte Tranche der Mittel für die

---

1 Presseorientierung über das Toxikologische Institut der ETHZ und der Universität Zürich am 2. Dezember 1976 in Schwerzenbach.

Forschungsförderung ein. Im freien Wettbewerb können sich alsdann die Forscher an der Realisierung der Forschungsvorhaben beteiligen. Auch dieser Vorgang kann nicht als Regelfall bezeichnet werden. Die Regel ist vielmehr die, dass der Forscher selbst ein Vorhaben formuliert, das in der Folge von Organen der Forschungsförderung (reaktiv) beurteilt wird.

Wie sind diese beiden Arten der Forschungspolitik – die aktive und die reaktive – zu werten? Ich meine, es gibt im Hinblick auf das Gemeinwohl zwei Arten von Forschung. Es gibt Forschung, deren Vernachlässigung aller Voraussicht nach für das menschliche Wohlergehen irreversible Nachteile hätte; man könnte von *Pflichtforschung* sprechen (etwa Forschung über Umweltgifte). Es gibt Forschung, deren Vernachlässigung für das menschliche Wohlergehen aller Voraussicht nach keine irreversiblen Nachteile hätte; man könnte von *Kürforschung* sprechen. Die Abschnittsgrenzen dieser beiden Forschungsbereiche sind unscharf, und beide Bereiche bedürfen – auch in knappen Zeiten – der grosszügigen Förderung. Pflichtforschung wird vielleicht zielstrebiger, aber vielleicht enger betrieben; Kürforschung bewegt sich in einem grösseren Freiraum und führt deshalb vielleicht häufiger zu *unerwarteten* Ergebnissen, die einen hohen Innovationswert haben können. Der Entscheidungsträger ist nach meiner Auffassung dazu verpflichtet, auf ein gesundes Mass der relativen Förderung der beiden Bereiche zu achten. Im Bereich der Pflichtforschung liegt es nahe, dass der Entscheidungsträger sich einer *aktiven* Forschungspolitik befleisst. Durch die Gründung des Toxikologischen Instituts hat er diese Aufgabe in einem wichtigen Bereich wahrgenommen.

2. Aktive Forschungspolitik im Spiegel der Mittelknappheit

Die Errichtung des Toxikologischen Instituts stellte die Leitung der ETHZ vor fast unlösbare Probleme. Zwar erhielten wir vom Bund die Mittel für den Kauf des Institutsgebäudes in Schwerzenbach. Hingegen wurde uns *nicht eine einzige neue Personalstelle zugeteilt*, fiel doch der Beginn der Tätigkeit dieses Instituts mitten in den von den eidgenössischen Räten beschlossenen *Personalstopp*. Jede Personalstelle, die heute im Schwerzenbacher Institut besetzt ist, musste vorher einem andern Hochschulinstitut weggenommen werden. Dasselbe gilt für die Betriebsmittel: Die Kredite für das Toxikologische Institut wurden durch Reduktion der Kredite anderer Institute freigespielt. Wir möchten an dieser Stelle anerkennen, dass die Leitung des Toxikologischen Instituts Verständnis gezeigt hat dafür, dass wir ihre Personalbegehren nur zum Teil berücksichtigt haben. Wir möchten ferner den Leitungen jener Institute danken, die auf Personalstellen verzichteten und es uns dadurch ermöglichten, das Schwerzenbacher Institut zu dotieren. Unsere Parlamentarier schliesslich möchten wir bitten, uns inskünftig neue Aufgaben erst dann zu übertragen, wenn die hiefür nötigen zusätzlichen Mittel bereitgestellt werden können.

3. Institut beider Hochschulen

Die Übergangsregelung von 1970 verpflichtet die ETH, mit kantonalen Hochschulen eine enge Zusammenarbeit zu pflegen.

Die Errichtung des Toxikologischen Instituts ist nur ein Beispiel von vielen, wo die gut eingespielte Zusammenarbeit von ETH und Universität Zürich einen wohlfundierten akademischen Betrieb überhaupt erst ermöglicht hat. Ich möchte beginnen bei der Institutsleitung. Die beiden Professoren Zbinden (Mediziner, Universität) und Schlatter (Chemiker und Mediziner, ETH) bringen jenen sich ergänzenden Sachverstand mit, der für das erfolgreiche Wirken dieses interdisziplinären Instituts unerlässlich ist; ich darf erwähnen, dass dieses Team voraussichtlich im nächsten Jahr durch einen weiteren ETH-Professor verstärkt werden wird, der vor allem das Gebiet der Beeinflussung des Erbgutes durch Umweltgifte untersuchen wird.

Ich möchte weiterfahren beim *Personal*. Ohne die massive Starthilfe der Universität, die uns ein Team von 14 Mitarbeitern und Mitarbeiterinnen zur Verfügung stellte, hätte das Institut niemals so zielstrebig seine Tätigkeit aufnehmen können. Die meisten Stellen werden zwar demnächst durch den Bund übernommen werden müssen, wodurch der Kanton sehr spürbar entlastet werden wird. Dennoch darf die grosszügige Starthilfe nicht unterschätzt werden.

Die *apparative Ausrüstung* wie auch das *Gebäude* und die *Betriebskosten* gehen im Falle des Toxikologischen Instituts mehrheitlich oder ganz zulasten des Bundes. Das Institut wird somit mittelfristig schwergewichtig ein Institut der ETH, mit der unentbehrlichen Mithilfe des Sachverstandes der Arbeitsgruppe von Herrn Zbinden.

4. Umwelt-Toxikologie

Wir müssen daran erinnern, dass die Institutsgründung ihren

eigentlichen Auslöser im Bundesgesetz über den Verkehr mit Giften hatte. Die Versuchung wäre nun gross, unser Institut quasi mit dem Vollzug von Massnahmen des Giftgesetzes zu betrauen oder ihm sogar Verantwortlichkeiten aus dem Bereich dieses Bundesgesetzes zu übertragen. Es würden sich daraus unweigerlich Abschnittsgrenzprobleme ergeben zwischen den Verantwortlichkeiten von Bundesämtern – vor allem dem Gesundheitsamt und dem Amt für Umweltschutz – und einem Hochschulinstitut. Solche Probleme müssen vermieden werden. Ein Hochschulinstitut nimmt vor allem Aufgaben in Lehre und Forschung wahr und soll Dienstleistungsaufgaben nur so weit wahrnehmen, als sie Lehre und Forschung befruchten. Es soll in der Regel keine «amtlichen» Aufgaben übernehmen. Das schliesst nun aber keineswegs aus, dass das Institut indirekt sehr massgebend an Dienstleistungen beteiligt wird, indem es seinen Sachverstand Teams der genannten Bundesämter zugänglich macht. Die *Verantwortung* für den Vollzug von Massnahmen – ausser Lehre und Forschung – im Zusammenhang mit dem Giftgesetz soll indessen meines Erachtens nicht dem Hochschulinstitut überbunden werden, sondern bei den zuständigen Bundesämtern bleiben.

3.4   «Ist Ihre Forschung umweltbezogen[1]?»

Diese Frage lag dem vorliegenden Katalog von Forschungsprojekten an der ETHZ zugrunde. Mir war sie auch gestellt worden, und ich habe sie, glaube ich, mit Nein beantwortet.

Dabei arbeitete ich unter anderem an der Frage der genetischen Kontrolle von Enzymen, die vielleicht die Biosynthese eines Hormons ermöglichen, das die normale Entwicklung von Insekten steuert. Hätte man eine Verlustmutante eines solchen Enzyms, dann brauchte man solche Insekten bloss fliegen zu lassen und man hätte ein populationsgenetisches Insektizid, fein dosierbar, ohne Rückstände, ohne Gefahr der Entwicklung von Resistenz, «biologisch» ... Dies hatte mir bei meinem Forschungsplan jedenfalls vorgeschwebt. Trotzdem bezeichnete ich das Projekt, glaube ich, nicht als umweltbezogen. Die Idee war eben erst geboren worden, wir hatten etwas Genetik und etwas Enzymologie

---

1 Vorwort zum Katalog über Umweltforschung, herausgegeben von der ETHZ im Juli 1974.

betrieben, Biosynthese aber noch nicht einmal angegangen. Ein anderer Forscher hätte das Projekt vielleicht auf die Liste geschrieben. Wieder ein anderer hätte auf diesem Stand der Untersuchung vielleicht noch gar nicht an «Umweltrelevanz» gedacht. Das ist eine Frage von Temperament, Einsicht und Übersicht.

Mit dem Beispiel möchte ich zeigen, dass man bei der Interpretation von Forschungskatalogen die Forscher mit berücksichtigen muss – jene, die aufgeführt sind, und jene, die nicht aufgeführt sind. Was für Forschungskataloge gilt, gilt auch für Forschungspolitik: Wenn eine Instanz (das heisst Geldgeber) Forschungspolitik macht, muss sie die Forscher mit berücksichtigen.

Unser Katalog will aber, ganz bescheiden, nur Katalog sein. Aussenstehende werden beeindruckt sein von der grossen Zahl von umweltbezogenen Projekten an der ETH. Der eine oder andere Herr Schüch aus den eigenen Reihen wird sich Vorwürfe machen, dass er sein eigenes Projekt nicht auf die Liste geschrieben hat.

3.5   Bürger und technischer Fortschritt[1]

Wenn man im Ausland reist und über die Schweiz spricht, fällt einem immer wieder das Erstaunen vieler Ausländer auf, dass die Schweiz mit all ihrer kulturellen und sprachlichen Vielfalt über so viele Jahrhunderte zusammengehalten hat. Für viele fremde Länder ist die Schweiz das Sinnbild einer politisch stabilen, ruhigen, geschlossenen Nation, die dank dem Fleiss ihrer Bürger und damit einer gesunden Wirtschaft, aber auch dank der geschickten Neutralitätspolitik ihrer Regierung ihre Eigenständigkeit hat bewahren können. Die Schweiz – man kann es ohne Selbstbeweihräucherung sagen – geniesst in vielen Ländern Vertrauen.

Wenn man die Innenpolitik unserer Heimat in den letzten paar Jahren verfolgt, so erscheint ein weniger ruhiges Bild. Der Bürger möchte einerseits dem Gemeinwesen – sei es Gemeinde, Kanton oder Bund – immer mehr Aufgaben übertragen, fordert aber gleichzeitig, dass das Gemeinwesen vermehrt spare; das gibt Spannungen. Die Abschnittsgrenzen der politischen Vorstellungen zwischen und innerhalb einiger unserer Parteien sind weniger klar als früher; auch das gibt

---

1 Ansprache zum 1. August 1977 in Zurzach.

Spannungen. Die Sachgeschäfte unserer Parlamente auf allen Stufen – Gemeindeversammlung, Grossrat, National- und Ständerat – werden zunehmend komplizierter und schwieriger. Die Exekutiven – Gemeinderat, Regierungsrat, Bundesrat – sind häufiger gezwungen, in eigenem Ermessen Auswahlen zu treffen zwischen verschiedenen Möglichkeiten, nicht selten aus Sach- oder Terminzwängen. Dementsprechend schimpfen wir Bürger häufiger und vielleicht heftiger als früher über «die in Bern, Aarau oder dem Rathaus oben». Lautstarke Gruppierungen, zum grossen Teil ausserhalb der Parteien, machen ihrer Unlust Luft in Form von Demonstrationen und sogenannten Aktionen. Unser Land, ob wir es wollen oder nicht, ist zurzeit im Innern weniger ruhig und geschlossen, als das nach aussen den Anschein macht.

Woher kommt das? Ich glaube nicht, dass die Rezession allein schuld daran ist; ich glaube auch nicht, dass es nur die Kernkraftwerke sind. *Ich glaube, der Grund liegt darin, dass eine grosse Mehrzahl der Bürger unseres Landes echte und verständliche Schwierigkeit hat, mit dem technischen Fortschritt der letzten Jahrzehnte fertig zu werden.* Wir müssen uns doch bewusst sein, wie enorm rasch die Technik im breitesten Sinne des Wortes sich entwickelt hat. Es vergingen Jahrtausende, bis der Menschheit die Dampfmaschine beschieden wurde. Aber dann erfolgten in sehr rascher Folge epochale Entwicklungen, wie jene des Elektromotors oder des Benzinmotors. Und nur Jahrzehnte später waren alle die elektrotechnischen, computertechnischen, maschinentechnischen, materialtechnischen, medizinisch-technischen Fortschritte da, die den bemannten Raumflug ermöglichten. Der gewaltige Einzug vor allem von Elektronik und Plastik hat zu einer Überschwemmung des Marktes mit raffinierten, aber billigen Geräten geführt, die heute in so vielen Haushaltungen anzutreffen sind. Die Ansprüche und Erwartungen der Bürger auf technische Raffinessen, aber auch auf andere Formen des Komforts wie Zentralheizung, Kühlschrank, Fernsehen, Auto sind ständig gestiegen. Das Bevölkerungswachstum hat überdies dazu geführt, dass ein Abfallproblem akut wurde, was wiederum grosse Aufwendungen auf dem Gebiete der Umweltpflege inklusive Gewässerschutz mit sich brachte. Der moderne Mensch hat auf der einen Seite das Bedürfnis, immer mehr Technik zu seinen Diensten zu haben. Der moderne Mensch hat anderseits erkannt, dass die Herstellung und die Beseitigung von immer mehr technischen Produkten immer mehr Energie brauchen und dass die herkömmlichen Energiequellen – Öl, Holz, Kohle, Wasserkraft – auf lange Sicht nur mehr beschränkt zur

Deckung dieses Bedarfs herangezogen werden können. Der moderne Mensch will dauernd mehr Technik, weiss aber, dass die Technik ihm nicht nur Probleme löst, sondern auch Probleme schafft. *Wer kann dem modernen Menschen aus diesem Dilemma helfen? Diese Frage ist nach meiner Ansicht an der Wurzel unseres heutigen Problems.* Die Exekutive, jene Gewalt also, die die Verantwortung dafür trägt, dass unser Gemeinwesen im gesetzlichen Rahmen funktioniert, sucht Rat bei Experten: Wissenschaftern, Technikern aller Prägungen. Wer sind diese Experten? Es gibt zurzeit zwei Lager: ein sehr grosses, im allgemeinen stilles Lager von Fachleuten, die in ihrem Fachgebiet sattelfest ausgebildet sind und glauben, dass das Lehrgebäude ihres Faches stabil ist und gilt. Sie glauben zum Beispiel fest daran, dass es wirklich mehr Kraft braucht, rheinaufwärts zu schwimmen als rheinabwärts. Und dann ein sehr kleines, oft lautstarkes Lager, dessen Anhänger Zweifel haben an der Gültigkeit der wissenschaftlichen Erkenntnis. Sie sagen etwa, die Naturwissenschaft heutiger Prägung akzeptiere nur jene Erkenntnisse, die experimentell überprüfbar seien. Daher sei sie nur zu Erkenntnissen befähigt, die experimentell überprüfbar seien. Vielleicht brauche es an sich mehr Kraft, rheinabwärts zu schwimmen als rheinaufwärts. Man könne der Wissenschaft nicht unbedingt trauen. Man könne deshalb den Experten aus dem grossen Lager nicht unbedingt trauen. Was dieses kleine Lager der Wissenschafter mit seiner zweifelnden Haltung erreicht, ist eine Verunsicherung von Volk und Parlament. Die Verunsicherung erhält besonders dann Gewicht, wenn solche Worte des Zweifels von Nobelpreisträgern und andern, besonders erfolgreichen Wissenschaftern stammen, und das ist leider gar nicht selten der Fall. Nun darf man nicht übersehen, dass gerade solche Stimmen häufig zu Fachgebieten sprechen, in denen sie selbst nicht sattelfest sind. Ein Nobelpreisträger der Chemie ist nicht zum vornherein befähigt, etwa zur Frage der Sicherheit von Atomkraftwerken etwas praktisch Sinnvolles auszusagen, ebensowenig, wie der Uhrmacher befähigt ist, sich zur Konstruktion von Haustüren zu äussern.

Für das Funktionieren unseres Staates ist diese Meinungsverschiedenheit von Wissenschaftern der beiden Lager gefährlich. Wenn man nämlich Repräsentanten beider Lager gleichzeitig in Expertengremien einsetzt, dann ist es gar nicht mehr möglich, eine einheitliche Expertenmeinung zu erfahren. Was tun? Ich bin seit 25 Jahren in der einen oder andern Form mit Hochschulen assoziiert. Ich habe in dieser Zeit die *Überzeugung gewonnen, dass man jenen Experten vertrauen soll, die an das grossartige Gebäude der modernen Naturwissenschaft und Technik glauben, an verantwortungsvollen Posten stehen und mit ihrem wissenschaftlichen Gewissen für eine Lösung einstehen.* Nach meiner Überzeugung verdienen diese Experten das Vertrauen. Die Zweifler allzu ernst zu nehmen hiesse im Extremfall, in unserem Standard auf das Niveau von Entwicklungsländern zurückzusinken, und das wollen wir nicht. Die Zweifler haben durchaus ihren Platz, als Bremser sozusagen, gegen ungezügelten Fortschrittsglauben. Sie können uns aber nicht führen. Denn jedes Schiff, auch der gemächliche Weidling und auch unser Staat, braucht Fahrt, wenn die Fahrt gesteuert werden soll.

Das heisst nun aber keineswegs, dass unsere Demokratie eine «Expertokratie» geworden ist. Der Bürger hat nach wie vor das Recht und die Pflicht, in überlegter Abwägung der verschiedenen Meinungen das Schicksal unseres Landes zu steuern, über die Parlamente und an der Urne. Wir haben die Mittel – etwa in der Atomgesetzgebung –, den Kurs etwas zu korrigieren, und wir wollen diese Möglichkeit ausnützen statt der Alternativen der sogenannten Aktionen, die auf brüske Wendungen oder gar Kehrtwendungen ausgerichtet sind.

Die moderne Geschichte unseres Landes ist geprägt durch eine Politik der kleinen Schritte. Behalten wir diese Politik bei, und vertrauen wir auf das Verantwortungsbewusstsein unserer Regierungen auf allen Stufen! Die Regierungen werden sich auf die wissenschaftstreuen Experten stützen. Es ist zu hoffen, dass auch die Parlamente das tun. *Wenn wir auf diesem Weg das Vertrauen in unsere Nation in allen Belangen wieder gewinnen, dann ist, so glaube ich, das überwiegende Gegenwartsproblem gelöst.* Und dann geniesst unser Land wieder zu Recht jenes internationale Ansehen, das es sonst verlieren könnte. Ich jedenfalls bin vollkommen überzeugt, dass es der Mehrheit des Schweizervolkes gelingen wird, im bewährten demokratischen Prozess mit Erfolg und in Zufriedenheit und häuslichem Glück in Unabhängigkeit weiter zu existieren. Unsere Demokratie ist gesund, nicht krank, und stark, nicht schwach.

3.6   Öffentlichkeitsarbeit[1]

An den meisten Hochschulinstituten wird harte, zielstrebige, folgerichtige Forschungsarbeit geleistet. Über die Ergebnisse werden Kollegen in aller Welt durch Fachzeitschriften informiert. Die Tageszeitungen berichten kaum über die Forschungsarbeit eines Hochschulinstituts. Es kann aber Schlagzeilen machen, wenn es für wenige Stunden von einigen unzufriedenen Studenten «besetzt» wird.

Es ist nicht leicht, die Ursache der unterschiedlichen «Massenmedien-Wirksamkeit» von Forschung versus Hochschulpolitik zu finden. Ist etwa das Publikum mehr interessiert an Meldungen aus der Politik als an solchen aus Naturwissenschaft und Technik? Diese Vermutung scheint nicht zuzutreffen. Eine Umfrage bei 997 Personen in der Schweiz hat ergeben, dass 39% sich für Meldungen aus den Naturwissenschaften interessieren (39% für Sport, 30% für Technik, 28% für Wirtschaft, 24% für Politik). Gerade das Technische hat für den heutigen Menschen nichts von seiner Faszination verloren. Das beweisen auch die über 25 000 Besucher unserer Tage der offenen Türen auf dem Hönggerberg.

Vielleicht liegt also der Mangel im Kommunikationsablauf nicht beim Empfänger, sondern beim Sender oder beim Vermittler. Die Hochschulen – in unserem Beispiel die Sender – strengen sich vermehrt an in der Öffentlichkeitsarbeit. Die Ringveranstaltung «Information, Kommunikation, Verständigung», die wir der Initiative der Dozenten-Subkommission für interdisziplinäre Veranstaltungen verdanken, will das Phänomen Kommunikation in gemeinsamer Arbeit von technischen, natur-, geistes- und sozialwissenschaftlichen Disziplinen untersuchen und durchschaubar machen. Die Veranstaltung selbst ist ein Beispiel für die Aktivität dieser Kommission, die Hochschule über aktuelle Gegenwartsprobleme öffentlich diskutieren zu lassen, wie dies u.a. seit 1970 mit Symposien geschehen ist, die Fragen des Umweltschutzes und der Lebensqualität behandelten. Wir alle hoffen, dass die Veranstaltung auch beispielhaft dafür wird, wie die Sprache der Experten dem gemeinsamen Wortschatz aller Teilnehmer angepasst werden kann, so dass der oft gerügte Fachjargon der Wissenschafter hier in diesem Raum nicht als Verständigungsbarriere erscheint. Bundesrat

---

1 Eröffnung der Ringveranstaltung «Information, Kommunikation, Verständigung» der ETHZ und der Universität Zürich am 15. Mai 1975.

Hürlimann hat dazu letztes Jahr gesagt: «Wenn die Tätigkeit der Forscher so beträchtliche staatliche Mittel erfordert, müssen sie ihre Ansprüche vor der Öffentlichkeit rechtfertigen und in allgemeinverständlicher Weise zeigen, wie sich ihre Arbeit in die Bemühungen unserer Gemeinschaft um ein Verständnis ihrer selbst und der Umwelt im Hinblick auf die Bewältigung der zahlreichen Aufgaben einordnet.»

Am guten Willen und an praktischer Informationsförderung, um die «Öffentliche Wissenschaft» zu verwirklichen, fehlt es an unserer Hochschule nicht. Der Sender, so glaube ich, ist bereit. Nicht zu vermeiden ist allerdings, dass der Wissenschafter durch die interne und externe Informationsarbeit zusätzlich belastet wird. Die Bereitstellung eines Grundstocks von Informationen kann ihm nicht von den Kommunikatoren in Pressestellen und Redaktionen abgenommen werden. In der Schweiz haben sich aber eine spezielle Sparte von Übermittlern, die Wissenschaftsjournalisten, 1974 zu einem Partner formiert, der sich um aktive Zusammenarbeit mit Wissenschaftern und um die eigene Weiterbildung bemüht, damit das häufig noch vorhandene Misstrauen der Wissenschafter gegenüber den aktualitätshungrigen Medienvertretern überwunden werden kann. Das Problem der Übermittlung ist aber noch nicht gelöst. In ihrer «Salzburger Deklaration» von 1974 hält die Europäische Union der Wissenschaftsjournalisten fest, dass ein «Umdenken auch bei vielen Verlegern, Chefredaktoren und Programmdirektoren» nötig ist, denn den Berichten aus Forschung und Technik ist in den Medien noch längst nicht so viel Platz eingeräumt, wie er ihnen nach den effektiven Interessen der Bevölkerung für die verschiedenen Ressorts verhältnismässig zukommen sollte.

«Kommunikation besteht in der Übermittlung von Information. Das Ziel ist Verständigung ...» schreibt ihr Organisator zum Thema dieser Veranstaltung. Für mein eigenes Sprachempfinden liegt schon im Begriff der Kommunikation mehr als die blosse Übermittlung. *Munus* – das Werk, die (Tausch-)Leistung – steckte wohl zunächst in diesem Wort, das in verwandten Formen als «kommunizierend», vielleicht auch in «Kommunion» erscheint und eine soziale Komponente hat. Ganz klar wird diese Komponente beim Begriff der Verständigung, wo sie aber über die blosse Beschreibung hinaus noch eine Wertung enthält. Denn «Verständigung» ist nicht weit entfernt von «Verständnis haben für» und kann sogar zum «Konsens» werden. Und das ist, was uns Not tut im gegenwärtigen Dilemma des Kommunikationsgefüges Mensch und Technik: Der Mensch ahnt oder spürt oder glaubt zu wissen, dass er auf die Technik angewiesen ist. Und die Technik ist auf den Menschen angewiesen, der Forscher auf die Gesellschaft.

Ohne das Wissen um die Erkenntnisse wird die öffentliche Meinung unsere Ideen für die Lösung der Zukunftsprobleme nicht unterstützen. Wenn unsere Parlamente heute vermehrt fordern, dass der Wirkungsgrad der Forschung erhöht werde, wie das etwa durch die Nationalen Programme angestrebt wird, dann darf die Öffentlichkeitsarbeit nicht vergessen bleiben. Dabei wäre es indessen verfehlt, Öffentlichkeitsarbeit abstrakt zu schulen. Sie soll konkret betrieben werden. Der Gegenstand ist unbegrenzt vorhanden. Die Partner sind bekannt und bereit. Ich hoffe, dass dieses Seminar dazu beiträgt, die grosse Verantwortung von Sendern, Übermittlern und Empfängern in Formulierung, Übermittlung und Verarbeitung von Information darzustellen. Das Ziel sei Verständigung.

3.7   Sound, Music and Noise[1]

Allow me to develop just a few thoughts on the topic of this international conference: 'Noise control: the engineer's responsibility', from the point of view language.

The first key word, *noise,* in Random House is defined as 'sound, especially of a loud, harsh, or confused kind'. *Sound* is defined as 'the sensation produced by stimulation of the organs of hearing by vibrations transmitted through the air or other medium'. And to the same family of words belongs the term *music* which is defined as 'an art of sound in time which expresses ideas and emotions in significant forms through the elements of rhythm, melody, harmony and color'.

From the linguistic point of view then, there seems to be a clear cut distinction between these three terms. This is not the case in the every day usage of the terms, for any given output of a discotheque may be termed music by my son, neutrally registered as sound by myself, and termed noise by my mother. I'm using this among countless examples simply to show that there are psychological and sociological aspects to the music/sound/noise-phenomenon. Looking at the impressive program of our congress, it becomes apparent that the problem also

---

1 Eröffnung der «1977 International Conference on Noise-Control Engineering» am 1. März 1977 in Zürich.

has aspects of legislation, economy, and of course and above all, physics.

The second key word is the term *responsibility*. It would be a noble ambition indeed for the engineer to take over the responsibility of noise control, as one might read from the title of this congress. A more humble interpretation suggests that the congress aims to carve out just what the engineer's part in assuming responsibility for noise control is.

As a scientist, I dislike confusion and am for order. How then could noise control be effected in an orderly way? I see four possibilities feasible for the engineer: first he could convert noise into sound by removing from it loudness, harshness or confusedness, second he could remove sound from noise, thereby making the latter's loudness, harshness or confusedness inaudible, or third he could step up the sound produced by removing loudness, harshness or confusedness from noise into music, thereby expressing ideas and emotions through the elements of rhythm, melody, harmony and color. Although especially the third solution appeals as a very constructive solution of the problem, it does not necessarily overcome the psychological and sociological problems I alluded to earlier. May I therefore suggest a fourth solution to the engineer, and that is to work on the common denominator of the three terms: sound. The truly sound proof discotheque has advantages for both grandmother and grandchild: for the former because she can stay outside and for the latter because he can go inside.

You will rightfully say that this naive view of the problem by a biologist is simple-minded. It is simple-minded, but then so many other complicated problems of civilized society are viewed simple-mindedly by our people.

The responsibility of scientists and engineers, I believe, consists of reducing the true complexity of such problems to the essential common denominators. Render these denominators convincingly measurable and invent practical measures for their control! Applied science should simplify, not complicate things. If the present congress brings us one step closer to this goal, it will have been a success.

3.8   Materials Science[1]

To the non-physicist, the topic of this conference, 'Crystal Field Effects', at first sight leaves the impression of very basic, purely academic research with no or little impact on everyday's life of people. There is nothing wrong with this, except that public awareness of the cost of university research has raised the taxpayers' expectations for so-called useful returns. In our country, as a consequence of this trend the Swiss Science Council and the Swiss National Science Foundation are trying to identify research areas that might deserve special financial support in view of their potential contributions to a solution of important problems of society. The result of these efforts will be a number of so-called National Programs. They are financed by a special portion of the general funds of the Swiss National Science Foundation.

In today's context I would like to mention two such programs, namely 'Materials Research' and 'Energy'.

These two very comprehensive subjects are highly interdigitated, as can be shown, e.g., by the project of hydrogen storage that is also a topic of your conference. This subject is a very important, yet unsolved problem for the possible future application of hydrogen as an energy-carrier. Within the last few years it has been shown that metal-hydrides are good candidates for a safe, efficient storage of hydrogen. Therefore, research in this field may give answers and solutions to a very important problem in the search for a new energy economy. And yet it is also a topic of *materials research*, the general question being to find a suitable material with optimal sorption, weight, volume, stability and price characteristics.

Up to now, due to its complex nature, materials' science has been strongly bound to more empirical investigations and knowledge. With modern methods of research and with today's knowledge in solid state physics it is necessary to aim at understanding the basic mechanisms leading to distinct properties of materials; we need a molecular theory of materials. To take up again the example of metal hydrides for the storage of hydrogen, the only change of finding a suitable material is by understanding the relevant mechanisms of absorption and desorption of hydrogen in the metallic matrix. As it is pointed out in the introductory

1 Eröffnung der 2. Internationalen Konferenz über Kristallfeld-Effekte in Metallen und Legierungen am 1. September 1976 in Zürich.

brochure to this Conference, one of the very important quantities in this context is the crystal field. Extensive investigations of the crystal field will be necessary for understanding the hydrogen absorption in metal.

I think that the example of hydrogen-storage clearly shows the important role of so-called basic research for the solution of problems of concern to the public. And it is precisely in such ways that universities can make contributions that are most readily recognized by the public. The fear, expressed by some university circles, that the idea of National Programs endangers basic research, is not warranted. These programs may help to orient research – basic and applied – of those scientists who are ready to orient their research towards a declared goal.

3.9   On Collaboration between University and Industry[1]

In going through the program of your seminar I noticed that among the authors were researchers from universities, various industries and other private enterprises including banking, and researchers from mission oriented agencies in the areas of communication and defense. This roster of speakers illustrates the fact of exchange of information between these respective groups, but also its need.

There was a period, approaching its end now, when university students made a strong point that universities detach themselves from industries and other organizations that put the results of research to use. Universities, they claimed, should restrict their research to the search for the truth for the only sake of the search. Some even voiced the opinion that universities should make a special effort to avoid serving industries through their discoveries. The reasons for this peculiar attitude were several, among them a naive view of capitalism; a view ignoring the fact that our industries in industrialized nations are among the pillars of employment and human well-being.

There was a tendency – and its course at the moment is hard for me to assess – when some industries began to move strongly towards independence from universities in their research. One reason for this was the impression that universities in too many fields of knowledge

---

1 Eröffnung des «1976 Zürich Seminar on Digital Communications» am 11. März 1976.

carried out their research in the clouds, far away from reality and the so-called real needs.

There is no doubt in my mind that by and large universities will always want to and should conduct research primarily for the sake of finding truth; and there is little doubt in my mind that by and large industries will conduct research primarily for the sake ultimately to develop products of direct advantage to human well-being. But borders between what is called basic research on one hand and applied research and development on the other are gradual ones, and neither universities nor industry get by through basic research only or applied research only, respectively. Without some insight and even experience into applied research and development universities might fail their task of training scientists and engineers that are useful to industries, and without a continued effort in basic research industries might run the risk of losing touch with progress at the frontier of science.

Permit me to illustrate this latter statement with an example in my own field of biology: During my tenure in the US as a university professor I was once called to consult a company manufacturing herbicides of some importance for agriculture. The question revolved around a possible improvement of the conventional oxidizing type of herbicides. In the course of the conversation I mentioned in passing that the particular problem might better be approached by the novel type of antagonists to growth hormones of plants. From the reaction of the partners in this conversation, I had to conclude, that they were not aware of these fundamental changes of approach. No doubt, a closer contact between research scientists of the company with their colleagues at the university would have been to the company's advantage.

I believe a close contact between university research and that of industry and mission oriented agencies is to either sides' advantage particularly in those fields where the interface between basic research and applied research and development is clearly identifiable. In order for this contact to function it is imperative for university people to know the preoccupations of colleagues in industry, and vice versa. Since on the time-axis of the individual's development university training usually comes first, it is the university's duty to train scientists and engineers in the basic sciences and the scholarly approach to engineering, but with an eye on practical application in industry as well as in government-sponsored applied research. Once in practice, these scientists and engineers in turn must continuously have the opportunity to keep exchanging information with their colleagues at the university, just as this seems to be happening at your seminar, or by spending shorter or longer periods back in a university atmosphere.

Hardly anyone would challenge this view until the question of publications comes up. More than once have I witnessed difficulties because of this question. The question arises from the custom that a university runs the danger of perishing if its staff members fail to publish, whereas some industries fear for their survival if their staff do publish. For the individual at the universities the publish-or-perish slogan changes in industry easily into a don't-publish-or-perish situation. In more than one case have I seen that a talented man from industry had great difficulty in finding the way back into university life because he 'hadn't be given the chance' of exposing his science to peers through the vehicle of publication. There was, in the eyes of his peers at the university, no record of his scientific accomplishment. In my view these barriers need not exist. I see no reason why an engineer in the R + D section of industry could'nt carry out some fundamental work detached from the immediate project of his, and feasible for publication for the benefit of a wider scientific audience. In fact I believe that unless he does so, as some of you do during the three days of this meeting, he is liable to march towards stagnation, which in the long run must be to the detriment of the interests of his company. By the same token I feel that a university scientist should not be ashamed of conducting some research, perhaps even of the classified type, in the area of that interface between basic and applied research. In fact I believe that in the long run the yield of expenditures by universities and industries into research will be increased by a closer cooperation between the two.

Where public funding is involved in the support of research, the public has an interest in such a high yield. It may interest you in this connection that in our country legislation is pending which forces universities and mission oriented agencies to coordinate their research efforts in comparable areas where public money is involved. While some fear that this becomes a danger for the respective autonomy of scholarly endeavor, others hope that the coordination will not only increase the yield in term of product per investment, but more importantly, in terms of the quality of the work measured by academic standards. I count myself to the latter camp, and the fact that your seminar brings together scientists from universities, mission oriented agencies and industry voluntarily and without a law, supports this view.

3.10 Nobelpreis in Chemie, 1975[1]

An der ETH herrscht grosse Freude. Viele sind stolz darauf, an
der Hochschule wirken zu können, an der Prelog wirkt - wenn sie ihn
kennen - oder an der ein Prelog wirkt - wenn sie ihn nicht kennen.
Und viele haben Respekt vor diesem Mann und dieser Leistung.

Für die Chemie der ETH bedeutet der Nobelpreis Prelogs Bestäti-
gung eines konsequent gepflegten Qualitätsdenkens bei der Wahl von
Professoren. Es gibt so viele Chemieschulen und so viele gute Chemiker
auf der Welt, dass die Stetigkeit der Verleihung des Nobelpreises an
ETH-Chemiker eine ganz besondere Bedeutung gewinnt:

	Tätigkeit an der ETH	Nobelpreis
Richard Willstätter	Prof. 1905-1912	1915
Richard Kuhn	Prof. 1926-1929	1938
Leopold Ruzicka	PD 1918-1926	
	Prof. 1929-1957	1939
Tadeusz Reichstein	PD 1930-1937	
	Prof. 1937-1938	1950*
Hermann Staudinger	Prof. 1912-1926	1953
Vladimir Prelog	PD 1942-1945	
	Prof. seit 1945	1975

* Erhielt als Chemiker den Nobelpreis für Medizin.

(In Klammern darf ich beifügen, dass eine vergleichbare Stetigkeit von Nobelpreisen auch für Physiker der ETHZ bestanden hat.)
Nach der Ursache solcher Stetigkeit gefragt, antwortete ich einmal,
unter den ETH-Chemikern habe es halt immer wirklich gute Professoren gegeben. Diese scheinbar lapidare Antwort führte zur Ergänzungs-
frage, was in diesem Zusammenhang unter einem «wirklich guten
Professor» zu verstehen sei. «Einer, der zugleich Einsicht und Mut hat,
dafür zu sorgen, dass ein Kollege ins Haus gewählt wird, der besser zu
werden verspricht als er selbst.» Einsicht allein genügt nicht; es braucht
Mut. Die Aussage ist nicht auf Gebiete beschränkt, in denen höchste
internationale Auszeichnungen von der Art des Nobelpreises verliehen
werden, sondern gilt auch für die Ingenieurwissenschaften und andere
Wissensgebiete ausserhalb von Physik, Chemie und Biologie.

1 Tischrede für die Nobelpreisträger Prelog am 13. November 1975 im Zunfthaus
zur Zimmerleuten, Zürich.

Für die Ausstrahlung unserer Hochschule ist der Preis von grossem Nutzen. An bedeutenden Hochschulen der Welt wird jedes Jahr die Bekanntgabe der Nobelpreisträger mit einem aufregenden Gemisch von Hoffnung und Bangen erwartet, und grosse Befriedigung herrscht, wenn die Hochschule dann wieder einen neuen Nobelpreisträger in ihren Mauern weiss. Solche Hochschulen sind attraktiv. Viele Wissenschafter finden es zu Recht bedeutungsvoll, an einer Hochschule zu lehren und zu forschen, die eine Nobelpreistradition hat oder aufbaut, zu Recht nicht zuletzt deshalb, weil diese höchste Auszeichnung nicht allein über den Preisträger etwas aussagt, sondern auch über seinen Arbeitsplatz. «Arbeitsplatz Chemie, ETHZ», bedeutet geistig anspruchsvolle Kollegen und Mitarbeiter, hervorragende Infrastruktur, Ansporn und Interesse einer bedeutenden Industrie. Der Gedankenschritt zum «Arbeitsplatz ETHZ» ist nicht gross: Für mehr als einen der hochqualifizierten Spitzenkandidaten jetzt pendenter Wahlverhandlungen (auch ausserhalb der Chemie und ausserhalb der Naturwissenschaften) erscheint die ETHZ seit dem Nobelpreis Prelogs als noch attraktiverer Arbeitsplatz als zuvor. Die ganze Hochschule kann Nutzen ziehen.

Das verpflichtet. Wahlvorbereitungskommissionen auf allen Gebieten müssen das Kriterium der wissenschaftlichen Qualität bei der Beurteilung von Kandidaten als oberstes Gebot betrachten. Behörden müssen die Modalitäten bei Schaffung und Besetzung von Professuren so gestalten, dass die Qualität des zu Wählenden im Vordergrund stehen kann. Ist diese Forderung heute erfüllt oder in diesen knappen Zeiten erfüllbar? Ist Qualität planbar? Die Minimalforderung an eine Dozentenplanung besteht ja darin, die Betreuung der Studienwilligen in jenen Fachgebieten sicherzustellen, die sie sollen studieren können. Vordergründig zielt diese Forderung auf ein vernünftiges Zahlenverhältnis zwischen Professoren und Studenten hin; in der Planung besteht ganz allgemein die Tendenz, quantitative Überlegungen in den Vordergrund zu rücken – nicht zuletzt aus dem Glauben, Qualität könne gar nicht geplant werden oder dann höchstens indirekt, über den Weg der Grösse. Aber das Kriterium der Qualität muss bei der Verwirklichung der Pläne voll zum Zuge kommen. Mehr noch: Wenn sich in der Verwirklichungsphase die Möglichkeit ergibt, für die Hochschule eine besonders hervorragende Persönlichkeit zu gewinnen, dann muss alles daran gesetzt werden, diese Persönlichkeit zu gewinnen – auch wenn sie oder ihr Amt in der Planung nicht voraussehbar oder vorgesehen war: 'Enlightened opportunism.'

Der Weg hiefür steht offen. Als aus der Forderung nach Chancengleichheit die Praxis entstand, jede Professur müsse zur Besetzung öffentlich ausgeschrieben werden, war der Schweizerische Schulrat sich offenbar klar darüber, dass nicht jeder geeignete Kandidat sich bewerben würde. Sonst hätte er nicht im Pflichtenheft jeder Wahlvorbereitungskommission festgehalten, dass sie die «Bewerbungen zu sichten» hat und «sich bemüht, gegebenenfalls ausserhalb der Bewerber geeignete Persönlichkeiten für eine Berufung zu gewinnen». Die Erfahrung zeigt, dass gerade die am besten ausgewiesenen Persönlichkeiten sich oft nicht bewerben: entweder, weil sie sich nicht aufdrängen wollen, oder dann, weil weltweit die herkömmliche Praxis der *Berufung* noch immer überwiegt. Die Chancengleichheit darf ja nicht nur auf die Kandidaten gerichtet sein, sondern muss sich auch auf die Hochschule beziehen.

In Gesprächen über die wichtigen Fragen der Wahlpolitik ist mir verschiedentlich vorgeworfen worden, einem elitären Denken verfallen zu sein mit dem Ziel, Hochschulinstitute zu Zentren der Exzellenz zu machen. Ich fasse diese Bemerkung nicht als Vorwurf auf, sondern als Kompliment. Alle können doch profitieren von einem wirklich guten Professor: die Kollegen, die Mitarbeiter, vor allem die Studenten, und auch die Hochschule, das Fachgebiet.

Und auch das Land. Mit dem Nobelpreis werden diejenigen ausgezeichnet, die durch ihre Arbeit der Menschheit den grössten Nutzen erwiesen haben. Die Schweiz ist stolz auf ihre Nobelpreisträger.

Knappe Zeiten zwingen uns, von Höhenflügen der Abstraktion und der Ideale auf die harte Wirklichkeit zurückzufinden. Der Rahmen, der durch den Entscheidungsträger gesteckt ist, zwingt häufiger als in fetten Jahren zum Verzicht. Es ist menschlich, dass die Vollzugsorgane dann vermehrt kritisiert werden. Die Kritik ist harmlos, solange sie nicht zur Überzeugung führt, das Handeln dieser Exekutive rechtfertige das Vertrauen in sie nicht mehr. In knappen Zeiten wäre ein Vertrauensbruch besonders verheerend. Manchmal habe ich das Gefühl, an Teilen unserer Hochschule wachse eine solche Gefahr heran. Ich fürchte diese Gefahr nicht. Denn ich habe volles Vertrauen in unsere Hochschule. Vor allem in ihre wirklich guten Professoren. Es gibt sie an der ETH in der Chemie und glücklicherweise auch in einer Reihe anderer bei uns vertretener Fachgebiete.

Stellvertretend für alle wirklich guten Professoren haben wir heute die Herren Cornforth, Prelog und Ruzicka unter uns. Ihnen möchte ich danken im Namen der Sache und der Hochschule.

3.11 For International Collaboration[1]

As a biochemically inclined biologist I was impressed, on the occasion of visits to Yellowstone National Park in the US, by the sight of algae and plants even higher on the evolutionary scale growing in the hot waters of the geysir basins. How could their enzymes manage to maintain their structures and functions, and keep growth and metabolism going? With the advent of New Biology, after the war, causal analysis of the phenomenon of thermostability began, using the then modern methods of biochemistry, physical chemistry and molecular biology, many of which are common-place to today's students.

New Biology was relatively late in taking roots in our country. But our strong tradition in chemistry ensured the training, not only of chemists, but also of biologists that were in principle prepared to enter into the fields of biochemistry and molecular biology. Years before research in these areas became truly established in Switzerland, some of these biologists left our country to seek their training in other countries of Europe and, especially, the United States. What was termed, in times somewhat fearfully, the brain drain of the fifties, has paid off. Switzerland, by a combination of brain-power of her own, that of foreign scientists who joined our faculties and helped staff our industries, and that of those Swiss returning from abroad, managed successfully to develop strength in modern biology.

I was pleased when your chairman mentioned the fact that your field of interest has important *practical* applications. I believe it is important for scientists to stress this point because the general public which after all is supporting our research rightfully expects to learn what potential practical use the various branches of science have. I believe it would be worth your time to inform the press of the potential, e.g., of isolated enzymes from thermophilic organisms for organic synthesis – if you think this potential is real.

Meetings such as this week's are designed to establish and strengthen personal contacts between workers from all countries; I am pleased to notice that your conference is attended by scientists from India, England, Denmark, the US, Germany, Italy, Belgium, Israel, Japan, Canada, The Netherlands, New Zealand and Switzerland.

---

1 Eröffnung des Symposiums «Enzymes and Proteins from Thermophilic Organisms» am 28. Juli 1975 in Zürich (ETH-Hönggerberg).

Such exchanges of information on a international basis are a sine qua non for true advances in science. The extent of contacts must go beyond conferences however, and take the shape of stages of extended periods during sabbatical leaves, post-doctoral periods, and guest-professorships. The scientific community, accordingly, was deeply shocked when it learned, a year ago, that a new federal ordinance limiting the access of foreign scientists to our Universities was about to threaten this principle of international cooperation. Fortunately, our federal government quickly realized this danger, and the ordinance now in effect permits a rather free exchange.

I had to say this because you might otherwise accuse me of nationalism when I now close with encouraging you to participate at our National Holiday on August 1, when Switzerland celebrates her 684th birthday. Those of you who have a chance to see the fires on the peaks surrounding Rigi mountain on Friday may want to reflect, for just an instant, on the historical significance of these signs of cohesion for the survival of a nation.

3.12   ETH und Stadt Zürich: Baufragen[1]

Im Jahrzehnt zwischen 1960 und 1970 erlebten die Zürcher Hochschulen ein grosses *Wachstum der Studentenzahlen*. Das Wachstum erfolgte so rasch, dass es weder technisch noch finanziell möglich war, baulich mit ihm Schritt zu halten. Die Hochschulen sahen sich deshalb gezwungen, durch Miete und Kauf von Liegenschaften in den umliegenden Wohngebieten Raum zu schaffen. Es ist nicht verwunderlich, dass diese Expansionstätigkeit der Hochschulen, oft als Krebswucherung bezeichnet, zur Beunruhigung in den umliegenden Quartieren führte. Die Hochschulen haben von Anfang an Verständnis gehabt für diese Sorge und deshalb alternative Lösungen gesucht und zum Teil gefunden: Annexanstalten der ETH, z.B. EMPA und EAWAG, wurden nach Dübendorf verlegt; es wurde mit der Überbauung des Hönggerbergareals begonnen, wo heute bereits über 3000 Angehörige der ETH tätig sind; die Neubauten der Universität auf dem Irchel wurden in Angriff genommen; zurzeit ist die ETH mitten in einer Rückzugsbewe-

---

1 Aufsatz zur Unterstützung der Sonderbauvorschriften für das Hochschulquartier vom 9. September 1977.

gung von Instituten aus den umliegenden Wohnquartieren zurück in das ETH-Zentrum bzw. hinaus auf den Hönggerberg. *Das Wachstum der Hochschulen ist aber nicht zum Stillstand gekommen* und wird auch in den nächsten 10 Jahren nicht zum Stillstand kommen. Wenn auch die Studentenzahlen der Technischen Hochschulen kaum mehr zugenommen haben, so nehmen sie bei den Universitäten nach wie vor zu. Eine Prognose der Schweizerischen Hochschulkonferenz lässt es als möglich erscheinen, dass in 10 Jahren im Gesamtgebiet der deutschen Schweiz ein Manko an über 10000 Studienplätzen bestehen könnte! Diese Lage dürfte auch auf die Zürcher Hochschulen, nicht nur auf Bern, Basel und vielleicht Luzern, einen neuen Expansionsdruck ausüben.

Im Hinblick auf die mögliche Entwicklung sind wir entschieden der Ansicht, dass es sich *aufdrängt, durch Sonderbauvorschriften der Ausdehnung der Hochschulen am Zürichberg Grenzen zu setzen, d. h. einen Hochschulquartierperimeter festzulegen.*

Die langfristige Planung der Hochschulen darf aber nicht isoliert von jenen des Kantonsspitals geschehen. Die örtliche Konzentration und das räumliche Ineinandergreifen dieser Institutionen verlangt ein koordiniertes und kontinuierliches Vorgehen mit den städtischen Behörden und weiteren interessierten Kreisen. Nur so können Planungsfehler vermieden werden. Voraussetzung für diese konzertierte Zusammenarbeit *sind die Sonderbauvorschriften* für das Hochschulquartier mit folgenden, mir wesentlich erscheinenden Bestimmungen.

1. *Umfang des Hochschulquartiers.* Das Baugebiet wird auf den heutigen Bestand des Arealbesitzes beschränkt. Die Expansion von Hochschulbetrieben in die angrenzenden Wohngebiete wird dadurch unterbunden (Wohnschutzgebiet).

2. *Ausnützungsziffer.* Die in den Sonderbauvorschriften vorgesehene Ausnützungsziffer von 2,0 oberirdisch und 0,5 unterirdisch ist *unbedingt notwendig.* Die ETH weist heute eine Ausnützung von insgesamt etwa 1,8 auf, wovon weniger als 0,2 unterirdisch. Man muss wissen, dass die in der neuen Bauvorschrift vorgesehene Ausnützungsziffer von 0,5 unterirdisch sich kaum realisieren lässt, weil bekanntlich ein sehr grosser Altbaubestand schon besteht, welcher bautechnisch, aber auch finanziell die Ausnützung dieser unterirdischen Möglichkeiten praktisch nicht zulässt. Das bedeutet für die ETH, dass auch bei einer Ausnützungsziffer von 2,0, wie sie in der Vorschrift vorgesehen ist, die Reserve ausserordentlich minim ist: Sie beschränkt sich im Grunde

genommen auf das alte EMPA-Areal (zwischen Leonhardstrasse und Clausiusstrasse) und die nähere Umgebung des Rechenzentrums. Es ist deshalb unbedingt nötig, und das ist in den Sonderbauvorschriften auch vorgesehen, dass die Ausnützungsziffer sich über die Areale im Hochschulquartier insgesamt berechnen lassen muss, damit dort gebaut werden kann, wo dies städtebaulich und betrieblich vertretbar ist.

3. *Abtausch von Liegenschaften.* Die Sonderbauvorschriften sehen vor, dass solcher Arealabtausch möglich ist. Dieser Abtausch hat nicht nur mit der Verbesserung der Ausschöpfung der gesetzlichen Ausnützungsziffer zu tun, sondern vor allem auch mit betrieblichen Überlegungen. Sowohl ETH als auch Universität und Kantonsspital haben ein Interesse daran, die gegenwärtige Verzahnung und Zersplitterung langfristig abzubauen zur Bildung von betrieblich sinnvollen Zusammenhängen und Einheiten. Solche Abtauschvorgänge bedingen eine grösstmögliche Flexibilität in der Berechnung der Ausnützungsziffer über das Gesamtareal.

4. *Denkmalpflege.* Die denkmalpflegerisch wertvollen Gebäude der Hangkante des Zürichbergs haben städtebaulich eine grosse Bedeutung. Es ist weder vorgesehen noch denkbar, an diesen schützenswerten Gebäuden massive, nach aussen sichtbare Eingriffe vorzunehmen. Diese schutzwürdigen Altbauten haben aber einen unverhältnismässig grossen Anteil an Konstruktions- und Verkehrsflächen, was die effektive Nutzfläche und damit die Ausnützung ganz empfindlich herabmindert. Das Anliegen des Denkmalschutzes, das wir ernst nehmen, stellt eine empfindliche Begrenzung der Aktionsfreiheit dar. Auch diese Einschränkung wird dadurch gemildert, dass die Berechnung der Ausnützungsziffer über das Gesamtareal vorgenommen werden kann. Es wäre nun aber verfehlt, sich etwa vorzustellen, dass an der Hangkante des Zürichbergs im Gefolge der Sonderbauvorschriften ein kleines Hochschul-Manhattan entstehen würde. Im Gegenteil: Die künftige Bebauung muss sich in den bestehenden Giebelhorizont einfügen. Damit bleibt die Dominanz der historischen Bauten ohne Beeinträchtigung. Die bescheidene Erhöhung der Ausnützungsziffer macht es in Anbetracht der heute schon erreichten Ausnützung von 1,8, z. B. für die ETH, praktisch unmöglich, aufdringliche Baukörper zu erstellen.

Zusammenfassend halte ich es für richtig, wenn das Hochschulquartier durch diese Sonderbauvorschriften einen vernünftigen Rahmen für seine Sanierung und den Ersatz des Baubestandes erhält und damit frühzeitig Richtpläne für die verbleibenden Reserven erstellen kann. Dieses Vorgehen ermöglicht eine frühzeitige Abstimmung der städtebaulichen Absichten mit der Stadt und verhindert Friktionen im letzten Moment an überstürzten Einzelbaueingaben. Die Sonderbauvorschriften bedeuten für Bund und Kanton Selbstbeschränkung, Konsultationspflicht, Zusammenarbeit.

3.13 Zusammenarbeit zwischen ETHZ und Universität Zürich[1]

Je knapper die Mittel werden, desto lauter tönt die Forderung nach Koordination. Das gilt für Betriebe der Privatwirtschaft, es gilt aber auch für Hochschulen, die in diesem Sinne als Betriebe aufgefasst werden können. Begriffe wie Auslastung, Wirkungsgrad, Kosten-Nutzen-Analyse, Betriebsabrechnung erscheinen mehr und mehr im täglichen Gespräch von Leitungsorganen der Hochschulen.

Wer für die beiden Zürcher Hochschulen koordinierte Tätigkeit verlangt, rennt weitgehend offene Türen ein. Universität und ETH haben von jeher eine enge Zusammenarbeit gepflegt. Vielleicht am besten bekannt sind die Doppelprofessuren vor allem im Bereich der Erdwissenschaften: Geologie, Kristallographie, Petrographie, Paläontologie. Einzig die Geographie macht zurzeit eine Ausnahme, aber auch in diesem Gebiet besteht eine gute Abstimmung des Lehrangebots und der Forschungstätigkeit der geographischen Institute der Universität und der ETH; die beiden Institute konkurrenzieren sich nicht, sondern ergänzen sich.

Vor kurzem hat der Rektor der ETH bei den Abteilungen eine Umfrage durchgeführt, die bezweckte, den Ist-Zustand institutionalisierter Zusammenarbeit von Abteilungen mit Organisationseinheiten der Universität zu erfassen. Das Ausmass der Zusammenarbeit ist naturgemäss in den verschiedenen Bereichen der beiden Hochschulen unterschiedlich. So besteht im Bereich der Bauwissenschaften (hauptsächlich des Bauingenieurwesens und der Architektur) wenig Zusammenarbeit, und wenig Zusammenarbeit besteht bei den Maschineningenieuren. Im Bereich der Elektrotechnik besteht in Form des Instituts für biomedizinische Technik beider Hochschulen eine sehr enge Zusammenarbeit mit der Medizinischen Fakultät der Universität. Im Unter-

1 Referat an der Versammlung des Zürcher Hochschulvereins am 9. November 1974 auf dem Hönggerberg.

richt dieser Abteilung nehmen sodann Universitätsdozenten teil in dem neuen Lehrangebot über das Spannungsfeld Mensch, Technik, Umwelt. Bei der Chemieabteilung besteht Zusammenarbeit mit der Universität vorwiegend im Bereich der Chemiedidaktik. Die Pharmazeuten pflegen engen Kontakt mit der Medizinischen Fakultät in der Form der Doppelprofessur für Pharmakologie, aber auch dadurch, dass z.b. das Praktikum für medizinische Mikrobiologen für Pharmazeuten an der Universität erteilt wird. Die Forstingenieure haben zurzeit wenig institutionalisierte Zusammenarbeit mit der Universität. Die Abteilung für Landwirtschaft hingegen ist eng liiert mit der Veterinärmedizinischen Fakultät in Form von Lehraufträgen. Die Vermessungsingenieure pflegen Zusammenarbeit mit der Universität insofern, als Lehrveranstaltungen in Kartographie aus dem ETH-Programm auch von Geographen der Universität belegt werden. Die Physiker und Mathematiker führen zahlreiche Kolloquien und Seminarien für Fortgeschrittene beider Hochschulen gemeinsam durch. Das gilt auch für die Biologen der Abteilung für Naturwissenschaften, und es gilt für die Absolventen der Militärwissenschaften, indem an dieser Abteilung auch Dozenten der Universität als Lehrbeauftragte tätig sind. In der Freifächerabteilung XIIA schliesslich wird Kontakt auf verschiedenen Ebenen gepflegt, besonders eng zurzeit dadurch, dass Dozenten beider Hochschulen an der Betreuung von Dissertationen von Studenten der Universität mitbeteiligt sind.

Auf dem Niveau der gesamten ETH schliesslich möchte ich die jährlich wiederkehrenden interdisziplinären Vorlesungen beider Hochschulen erwähnen, z.B. die Diskussionsveranstaltung «Lebensqualität» dieses Semesters, oder ebenfalls in diesem Semester der Zyklus «Grenzen der Freiheit in Lehre und Forschung». Ebenfalls auf der Ebene der gesamten Hochschulen zu erwähnen sind die Symposien über brennende Gegenwartsprobleme, z.B. jenes über «Sicherheit im Strassenverkehr», an dem Dozenten beider Hochschulen als Referenten aufgetreten sind.

Der Katalog von Zusammenarbeit ist damit keineswegs erschöpft. In einer der Physikbauten auf dem Hönggerberg, wo wir uns heute befinden, sind das Molekularbiologische Institut der ETH und das Molekularbiologische Institut der Universität unter einem Dach vereinigt. Auf einer Aussenstation der ETH in Schwerzenbach wird voraussichtlich das Toxikologische Institut beider Hochschulen seine Arbeit aufnehmen.

Alle diese Beispiele sind historisch gewachsene Einzelfälle, deren Realisierung durch den spontanen Kooperationswillen der Betroffenen möglich wurde. Aus der Erkenntnis, dass in vielen Fällen die Verwirklichung guter neuer Projekte in Zeiten der Mittelknappheit besser zusammen als im Alleingang möglich ist, haben der Direktor des Erziehungswesens des Kantons Zürich und der Präsident der ETH vor kurzem die Professoren beider Hochschulen aufgefordert, inskünftig jeden Antrag für die Schaffung einer neuen Professur der Schwesterhochschule zum Mitbericht vorzulegen. Wir haben weiter angeordnet, dass jede Investition von über 100 000 Franken der Schwesterhochschule zum Mitbericht unterbreitet wird. Wir hoffen, durch diese Massnahmen auch von den Leitungsorganen her Koordination vermehrt zu ermöglichen. Darüber hinaus sind in den letzten Monaten verschiedene Kommissionen tätig gewesen im Bereich der Curriculumplanung und der Dozentenplanung, z. B. der Erdwissenschaften, der Biologie und der Biochemie, mit dem Ziel, die Besetzung neuer oder vakanter Professuren langfristig so zu gestalten, dass die Tätigkeiten der beiden Hochschulen sich ergänzen, statt sich zu duplizieren.

Man darf die Schwierigkeiten der Koordination zwischen zwei grossen Hochschulen nicht unterschätzen. Der Gedanke der historisch begründeten Autonomie der Hochschule ist tief verwurzelt und echt. Ebenso ernst zu nehmen ist der Gedanke der Eigenart jeder Hochschule, und zwar besonders im Falle der Zürcher Hochschulen, wo doch in vielen Sparten die Berufsbilder der Absolventen grundlegende Unterschiede aufweisen. Das darf uns aber nicht hindern, gründlich nach einem Konzept zu suchen, das uns die Lösung von Koordinationsproblemen nicht nur wie bisher durch pragmatische Einzelentscheidungen ermöglicht – wobei ich betonen möchte, dass nach meiner Auffassung die bisher getroffenen pragmatischen Entscheidungen richtig waren. Vielmehr brauchten wir einen Kriterienkatalog, nach dem bestehende Tätigkeiten oder geplante Vorhaben auf optimale Weise koordiniert werden könnten.

Grundsätzlich stellt sich die Frage der Koordination immer dann, wenn feststeht, dass an beiden Hochschulen eine vergleichbare Tätigkeit schon ausgeübt wird. So wird die Frage von der Öffentlichkeit immer wieder an uns gestellt, ob es sinnvoll oder nötig sei, dass beide Zürcher Hochschulen Physikinstitute betreiben. Organisatorisch, so wird gesagt, wäre doch in der Fusion der Physikinstitute beider Hochschulen ein Vorteil zu erwarten. Persönlich glaube ich nicht, dass das im Falle der

Physik zutrifft. Physik ist als Grundlagenwissenschaft für so viele und so
verschieden geartete Studiengänge an beiden Hochschulen unabdingbare Voraussetzung, dass meines Erachtens beide Hochschulen über eine
genügende Anzahl hochqualifizierter Physiklehrer verfügen müssen,
und ich glaube, dass sich aus der Untrennbarkeit von Lehre und
Forschung automatisch ein Zwang ergibt, an beiden Hochschulen auch
Infrastruktur für Forschungstätigkeit der Physiker zu erhalten. Das
heisst nun allerdings keineswegs, dass nicht langfristig die Tätigkeit im
Bereich der Physik auf dem Platz Zürich vermehrt koordiniert werden
könnte. Ich halte es z. B. für möglich, dass die Universität sich auf
Forschung in einer bestimmten Stossrichtung der Physik beschränkt
und die ETH anderseits Forschung in einer anderen Stossrichtung
pflegt. Die Unterrichtstätigkeit dieser Professoren beider Hochschulen
müsste dann gewissermassen übers Kreuz auch den Studenten der
andern Hochschule zugute kommen. Das Beispiel lässt sich wohl
grundsätzlich auf andere grosse Organisationen ausdehnen, deren Existenz an beiden Hochschulen für zahlreiche Fakultäten oder Abteilungen unabdingbare Voraussetzung ist; ich denke vor allem an die
Mathematik und die Chemie. Wenn anderseits das Lehrangebot einer
Fachrichtung an jeder Hochschule nur eine kleinere Zahl von Absolventen zu erreichen hat, dann muss man sich langfristig allen Ernstes
fragen, ob es tunlich sei, an beiden Hochschulen je eine Organisationseinheit einer solchen Fachrichtung zu pflegen.

Solche Fragen werden regelmässig durch den Direktor des Erziehungswesens und den Präsidenten der ETH besprochen. Notwendige
Voraussetzung für den Erfolg von Koordinationsbestrebungen bleibt
natürlich die Einsicht seitens der Träger von Unterricht und Forschung,
vor allem also seitens der Professoren, dass aus Koordinationsmassnah-
men akademische Vorteile resultieren können und häufig betriebliche
Vorteile resultieren. Über den zweiten Aspekt – das Betriebliche –
können sich Verwaltungsstellen mit einiger Kompetenz äussern; die
Beurteilung des möglichen akademischen Gewinnes muss den Betroffenen selbst überlassen werden. Wünschenswert wäre aus meiner Sicht,
dass akademische Überlegungen immer den Vorrang über betriebliche
behalten könnten. Vielleicht wird es aber nötig, betrieblichen Aspekten
vermehrt Aufmerksamkeit zu schenken.

Im Einladungsbrief zu dieser heutigen Tagung hat Ihr Präsident
mir mitgeteilt, dass der Vorstand unter anderem im Interesse einer
Vertiefung der Beziehungen der beiden Hochschulen Zürichs beschlos-

sen hat, für den diesjährigen Anlass eine Besichtigung der Aussenstation der ETH-Hönggerberg durchzuführen. Wir sind glücklich, dass der Zürcher Hochschulverein an einer Vertiefung der Beziehungen unserer beiden Hochschulen interessiert ist, und wir sind Ihnen dankbar, wenn Sie unsere ehrlichen Bemühungen um eine sinnvolle Kooperation in geeigneter Form unterstützen. Zum zitierten Satz selbst muss ich allerdings eine Korrektur anbringen; es ist dort die Rede von der «Aussenstation Hönggerberg» der ETH. Die Leitung der ETH betrachtet den Hönggerberg nicht als Aussenstation. Vielmehr versuchen wir, aus dem Hönggerberg eine ETH zu machen, die in ihrer akademischen Buntheit der alten ETH im Zentrum nicht nachsteht. Beim nachfolgenden Rundgang werden Sie zwar überwältigt sein von der Präsenz der Physik auf dem Hönggerberg. Sie sollen aber schon jetzt wissen, dass im ehemaligen Gebäude Kernphysik II heute die Institute für Molekularbiologie und Biophysik beider Hochschulen untergebracht sind, dass im Praktikumshochhaus Institute aus dem Bereich der Erdwissenschaften (Geophysik, Atmosphärenphysik, Erdbebendienst) und die Professur für Optik untergebracht sind, dass im Gebäude für Technische Physik neuerdings das Institut für Zellbiologie Einzug gehalten hat, dass in den kurz vor der Vollendung stehenden Neubauten die Abteilungen des Bereichs Bauen und Planen ihren Standort finden werden und dass das grosse Reservegelände in Richtung Höngg uns als Alternative langfristig die Möglichkeit offenlässt, entweder weitere Ingenieurschulen oder aber die Abteilung für Landwirtschaft, Forstwirtschaft und Biologie anzusiedeln. Gerade die letzte Alternative wird in sehr enger Zusammenarbeit mit der Universität Zürich studiert werden. Die Zürcher Hochschulen verfügen über drei Standorte: das Zentrum, den Strickhof und den Hönggerberg. Die verantwortlichen Behörden setzen alles daran, sicherzustellen, dass die Standorte und Abteilungen der beiden Hochschulen eine optimale Gliederung der Zürcher Hochschulen ermöglichen, mit dem Ziel, die neuen Standorte nicht als Aussenstationen zu apostrophieren, sondern als vollwertige Hochschulstandorte zu entwickeln.

3.14 Zur Problematik des Numerus clausus[1]

Für die Regelung der Zulassung zum Hochschulstudium bestehen zwei verschiedenartige Lehrmeinungen. Nach der ersten, als «manpower»-Ansatz bezeichnet, ermittelt der Staat, wie viele Akademiker welcher Art wann benötigt werden. Die Hochschulen lassen dann entsprechende Zahlen von Studienwilligen bestimmte Fachstudien beginnen. Die zweite Lehrmeinung, nach dem «social demand»-Ansatz, geht davon aus, dass alle Studienwilligen, die ein bestimmtes Studium ergreifen wollen, das tun können, falls sie bestimmte Voraussetzungen erfüllen.

Der erste Ansatz geht also vom *Bedarf der Gesellschaft* nach bestimmten Fachleuten aus. Der zweite Ansatz geht vom *Bedürfnis der Studierenden* aus, ein bestimmtes Studium zu ergreifen. Der erste Ansatz zeichnet sich durch dirigistisches Eingreifen des Staates aus; der Staat plant in generalstäblerischer Art. Beim zweiten Ansatz liegt die Initiative beim Studienwilligen; vom Staat erwartet man, dass er die nötigen Studienplätze an den Hochschulen bereithalte.

Mit unserem freiheitlichen Denken ist der erste Ansatz, der hauptsächlich in den Ländern des Ostblocks Anwendung findet, nicht verträglich; ich werde nicht weiter darüber sprechen. Der zweite Ansatz herrscht in vielen westlichen Ländern vor und wird auch in der Schweiz praktiziert. Er entspricht unseren Vorstellungen der Handlungsfreiheit des Individuums, ist aber nicht immer problemlos. Über die Probleme einer derart geregelten Zulassung zum Hochschulstudium möchte ich heute sprechen, und zwar aus der Sicht der Hochschule, aus der Sicht des Studenten und aus der Sicht des Gesetzgebers.

Freie Studienwahl aus der Sicht der Hochschule
Um die Zeit der Immatrikulationen bangen Rektorate und Dekanate vieler Hochschulen und Fakultäten, wie viele neueintretende Studierende sich wohl melden würden. In einzelnen Disziplinen, etwa Medizin und Pharmazie, hat man zwar das System der Voranmeldung eingeführt, mit dem Ziel, den Hochschulen schon etwas früher als im Zeitpunkt der Immatrikulation Klarheit zu verschaffen über die Zahl

---

1 Referat am Becherlupf 1977 des Altherrenverbandes der Argovia Aarau am 23. Oktober 1977 in Bremgarten.

der Neueintretenden. Aber im allgemeinen ist es noch immer so, dass die Fakultäten erst kurz vor Semesterbeginn über zuverlässige Angaben über die Zahl der neueintretenden Studierenden verfügen. Damit die Fakultäten in der Vorbereitung der Semester nicht völlig im dunkeln tappen, erstellen Planungsorganisationen auf Jahre hinaus Prognosen über die Zahl der Neueintretenden. Diese Prognosen sind im allgemeinen sehr präzis, was die Totalzahl der in eine bestimmte Hochschule neueintretenden Studierenden betrifft. Hingegen sind die Prognosen schwierig und oft auch mit grossen Fehlern behaftet, was den Eintritt in bestimmte Fachrichtungen angeht. Ich möchte diese Schwierigkeit mit zwei Beispielen der ETHZ illustrieren. Es war einleuchtend anzunehmen, dass die Zahl der neueintretenden Bauingenieurstudenten im Jahrzehnt des Baubooms zunehmen würde. (Im Hinblick auf diese erwartete Zunahme wurden auch die nötigen Gebäude geplant und errichtet.) Aber dann sank diese Zahl von über 200 Neueintretenden (1964) auf 125 (1969) und 56 (1976)! Für die Pharmazeuten, deren Neuimmatrikulationen in Zürich während mehr als 10 Jahren sich zwischen 20 und 30 bewegt hatten, wurde mit einem Anhalten dieser Stabilität gerechnet. Aber dann erhöhte sich die Zahl 1973/74 von 37 auf 81, 1976 auf 86. Derart grosse, unerwartete Zuwachszahlen stellen die Hochschule vor logistische Probleme, vor allem dann, wenn es darum geht, kurzfristig Studienplätze für Praktika oder Laboratorien zur Verfügung zu stellen. Wenn die Zuteilung von Hörsälen und Laborräumen auch an grossen Hochschulen mit Hilfe elektronischer Datenverarbeitung sich noch einigermassen bewerkstelligen lässt, so stösst die Flexibilität einer Hochschule im Einsatz von Lehrpersonal heute in Anbetracht des vielenorts herrschenden Personalstopps bald auf Grenzen. Es nützt unserem aufs Doppelte angewachsenen Pharmazeutenjahrgang nichts, wenn – ein anderes Beispiel – der entsprechende Architektenjahrgang gleichzeitig auf die Hälfte schrumpft: Es ist praktisch unmöglich, im gleichen Rhythmus von Architekten besetzte Assistentenstellen freizumachen und mit Pharmazeuten zu besetzen. Das Betreuungsverhältnis der Studierenden in rasch wachsenden Fachbereichen verschlechtert sich rasch, während es in rasch schrumpfenden Fachrichtungen vorübergehend überdurchschnittlich gut wird. Wollte man das Absinken der mit der Verschlechterung des Betreuungsverhältnisses verbundenen Lehrqualität kompensieren, müsste man kurzfristig zusätzliche Personalstellen einsetzen können, was in der Zeit des Personalstopps nicht möglich ist.

In besonders hohem Ausmass betroffen von solchen Schwankungen der Studentenzahlen sind die Professoren, die ja letztlich die Verantwortung für die Qualität der Lehre tragen. Ein verantwortungsbewusster Professor kann nicht stillschweigend hinnehmen, dass die Klassen immer grösser und das Betreuungsverhältnis Lehrpersonal/Studenten immer kleiner wird. Zwar kann er seine Lehrmethoden den veränderten Verhältnissen anpassen, indem er vermehrt Selbststudium verlangt oder moderne Lehrmaschinen einsetzt, bis und mit computergestütztem Unterricht. Aber wenn er nicht mehr bereit ist, die ihm übertragene Verantwortung durchzuhalten, tritt eine sehr ernstzunehmende Situation ein, welche Verwaltung und Behörden zwingt, in irgendeiner Form einzugreifen, z. B. durch erhöhte Mittelzuteilung.

Die kapriziösen Sprünge der Neueintritte, aber auch die Zunahme der Studentenzahl an sich und nicht zuletzt die Änderung der Studiengewohnheiten (etwa der Hang zum Doktorieren) verursachen selbstverständlich Kosten. So sind die Betriebsausgaben (exkl. Bauten) der ETHZ von 45 Mio. (1964) auf 210 Mio. Franken (1976) gewachsen. Ich werde auf die finanziellen Aspekte der Zulassungspraxis später zurückkommen.

Freie Studienwahl aus der Sicht des Studenten
Die gleichen Prognosen, die die Hochschulen anstellen, sind selbstverständlich auch den Studienwilligen zugänglich, und zwar bei der akademischen Berufsberatung. Darüber hinaus wird es den einen oder andern Maturanden interessieren, wie die Berufsaussichten im Studium seiner Wahl bestellt sind. Auch darüber hat die Berufsberatung gewisse Angaben bereit. Ich habe in einer Erhebung 1972 in Erfahrung gebracht, dass in der Schweiz jährlich etwa 50 Arbeitsplätze für Hochschulbiologen anfallen. Im gleichen Jahr verliessen etwa 120 Biologen unsere Hochschulen. Beim einen oder andern Biologiestudienwilligen mag dieses Verhältnis ein gewisses Unbehagen aufkommen lassen, indem er befürchtet, dereinst stellenlos zu sein. Hier fliesst unweigerlich eine «manpower»-Überlegung in das Verfahren! Der Student spürt, dass er seine Handlungsfreiheit in bezug auf die freie Studienwahl mit einem Risiko erkauft, dem Risiko nämlich, dereinst feststellen zu müssen, vom Arbeitsmarkt her gesehen das falsche Studium ergriffen zu haben. Bei den Studenten trifft man ganz verschiedenartige Einstellungen gegenüber dieser harten Wirklichkeit. Es gibt Studenten, die in voller Kenntnis des Risikos ein bestimmtes Studium

deshalb ergreifen wollen, weil sie sich im wahren Sinne des Wortes für das entsprechende Berufsbild berufen fühlen. Ich halte es für richtig, dass diese Studenten das Studium trotz möglicherweise düsteren Voraussetzungen auf dem Arbeitsmarkt ergreifen. Es gibt anderseits Studenten, die im Zeitpunkt der Matur keineswegs klar wissen, ob und was sie eigentlich studieren wollen; sie sind gut beraten, ein Auge auf den mutmasslichen Stellenmarkt zu haben. Wiederum andere Studenten vertreten die Meinung, zunächst einmal irgendein Studium ergreifen zu wollen, auf das Risiko hin, dereinst als Physiker ein Tram zu führen oder als Biochemiker die Strassen der Stadt zu kehren; die Gesellschaft, so argumentieren solche Studenten nicht selten, könne nur davon profitieren, dass Hochschulabsolventen Berufe ausüben, für die ein solcher Ausbildungsstand gar nicht nötig sei. Ich halte diese Einstellung für illusorisch, indem die Betroffenen mit Bestimmtheit in der Ausübung ihres Berufes, der ihrem Bildungsstand nicht entspricht, frustriert werden. Ein viertes Lager von Studenten träumt von der Möglichkeit, dass ein sogenannter Akademikerüberfluss die Gesellschaft so umzustrukturieren vermöchte, dass neue und zahlreichere Einsatzmöglichkeiten für Hochschulabsolventen anfallen. Ich meine, hier wird die Einflussmöglichkeit des Akademikers auf die Struktur unserer Gesellschaft überschätzt. Ein fünftes Lager schliesslich fordert, dass Staat und Hochschulen selbst Arbeitsplätze für alle sonst stellenlosen Absolventen der Hochschulen schaffen oder mindestens das Stipendienwesen so ausbauen, dass alle über die Runden gebracht werden. Auch diese Haltung, mit dem Spottnamen «nahtloser Übergang vom Stipendium zur Alters- und Hinterbliebenenversicherung» ist eine Illusion.

Freie Studienwahl aus der Sicht des Gesetzgebers
Der Gesetzgeber muss sich Gedanken machen über die möglichen Konsequenzen unserer Doktrin der Zulassung zum Hochschulstudium, und zwar auf kantonaler Ebene im Hinblick auf die kantonalen Universitäten und auf Bundesebene im Hinblick auf die Technischen Hochschulen. Die Frage stellt sich insbesondere, ob der Gesetzgeber die nötigen Voraussetzungen schaffen solle, dass die Hochschulen beliebig viele Studienwillige aufnehmen können. Nach der heutigen Rechtslage ist es so, dass der Inhaber eines anerkannten Maturitätszeugnisses praktisch uneingeschränkt das Studium seiner Wahl an der Hochschule seiner Wahl ergreifen kann. Aus demographischen Überlegungen kann man leicht errechnen, dass im Jahre 1985, wenn der sogenannte Pillen-

knick das Hochschulalter erreicht, verglichen mit dem Jetztzustand in der deutschen Schweiz allein ein Manko von 10 000 oder mehr Studienplätzen bestehen wird. Sollte es nicht möglich sein, neue Studienplätze zu schaffen, so müssten aus Kapazitätsgründen Zulassungsbeschränkungen verfügt werden.

Die Handhabung eines Numerus clausus ist nicht einfach. Nach welchen Kriterien sollte ein Studienwilliger aufgenommen oder nicht aufgenommen werden? Nach dem Durchschnitt im Maturitätszeugnis, unabhängig davon, ob es aus Aarau oder Thun oder Liestal stammt? Oder sollte die Universität Zürich zuerst einmal alle Zürcher Steuerzahler aufnehmen, erst dann Aargauer und Solothurner? Oder sollte jeder Kanton nach einem eidgenössischen Kontingentierungssystem nur eine bestimmte Anzahl Studenten an die Hochschulen schicken dürfen? Aber woher nähme die Regierung eines Nichthochschulkantons das Recht, der Universität eines Hochschulkantons die Aufnahme des einen Studenten zu empfehlen, die Aufnahme eines andern aber nicht? Müsste das Los entscheiden? Oder fänden finanzstarke Nichthochschulkantone eher Eingang für Studenten bei den Universitäten von Hochschulkantonen? Ich will mit diesen Fragen nur einige wenige Probleme der Handhabung des Numerus clausus andeuten. Das soeben von den eidgenössischen Räten verabschiedete neue Hochschulförderungs- und Forschungsgesetz soll die Voraussetzung schaffen, dass der Bund subventionierend und im Einvernehmen mit den Kantonen koordinierend tätig wird mit dem Ziel, Zulassungsbeschränkungen zum Hochschulstudium zu vermeiden. Mit der Annahme des Gesetzes bekennt sich unser Gesetzgeber zur Doktrin des freien Hochschulzugangs nach dem «social demand»-Prinzip. Es ist damit zu rechnen, dass durch dieses Gesetz Zulassungsbeschränkungen oder Numerus clausus in allen jenen Disziplinen vermieden werden können, in denen die Schaffung von Studienplätzen eine finanzielle Frage darstellt. Das Gesetz nimmt aber dem Studierenden das Risiko nicht ab, allenfalls keinen ihm zusagenden und auf seine Bildung abgestimmten Arbeitsplatz zu finden.

Man liest in diesen Monaten viel vom sogenannten Sonderfall Medizin. Damit ist unter anderem gemeint, dass Medizin am direktesten von der Einführung eines Numerus clausus bedroht ist. Nicht nur werden die Studienplätze in den propädeutischen Semestern und im Klinikum knapper, sondern es wird auch zusehends schwierig, für die Medizinstudenten das nötige sogenannte Krankengut zur Verfügung zu haben. Die Erziehungsdirektionen der Hochschulkantone mit medizini-

schen Fakultäten und auch die Schweizerische Hochschulkonferenz
haben grosse Anstrengungen unternommen, die prekäre Lage zu mei-
stern. So wurde z.B. ein Satellisierungsprogramm in die Wege geleitet,
das darin besteht, Regionalspitäler mit für die Medizinerausbildung
einzusetzen. Weiter wurden Umleitungsaktionen organisiert. Sie bestehen darin, dass Studienwillige, die z.B. in Zürich oder Bern studieren
möchten und dort keinen Studienplatz finden können, nach Basel,
Freiburg, Neuenburg, Lausanne oder Genf umgeleitet werden. Die
Medizinstudienwilligen haben bisher immer noch Studienplätze in Medizin gefunden, aber nicht mehr unbedingt an der Hochschule ihrer Wahl.

Wird das neue Gesetz auch im Sonderfall Medizin eine Verhinderung des Numerus clausus ermöglichen? Ich glaube, das sei der Fall,
möchte diese Frage aber aus persönlicher Sicht und etwas differenzier-
ter angehen. Zunächst etwas Allgemeineres: Ich glaube nicht, dass sich
höhere Bildung und Ausbildung als soziales Grundrecht verankern
lassen, wie das immer wieder in verschiedenen Ländern und von
verschiedenen Seiten gefordert wird. Nicht nur würde die Überbildung
sehr grosser Kreise der Bevölkerung dem Gleichgewicht der Berufsbilder abträglich sein und damit in der Realität wohl zu Frustration der
Betroffenen führen. Aber auch die Kosten würden überproportional
wachsen und Steilheiten erreichen, die in der Theorie die Wachstums-
kurve des Bruttosozialprodukts durchstossen könnten. Ich halte anderseits dafür, dass ein Recht auf Ausbildung nach Massgabe von Einsatz
und Fähigkeit vernünftig ist. In der Konkretisierung dieses Rechts wird
aber vor allem ein Kleinstaat nicht darum herumkommen, bei aller
Wahrung des Rechts auf ein Studium durch Variation der Anforderungen quantitativ regulierend zu wirken. Geburtenstarke Jahrgänge werden früher oder später unter einen erhöhten Leistungsdruck kommen.
Wenn dieser erhöhte Leistungsdruck nicht schon im Gymnasium an-
setzt, wo er nach meiner Meinung ansetzen sollte, wird er unweigerlich
an der Hochschule und vor allem anschliessend in der Praxis im
Konkurrenzkampf ansetzen. In der biologischen Evolution hat das
Prinzip des «survival of the fittest» gespielt, und es ist nicht einzusehen,
weshalb es in der geistigen Evolution, in der wir uns befinden, nicht
auch funktionieren sollte.

Ich glaube überdies, dass das Numerus-clausus-Problem sich nach
dem Jahre 1985 von selbst lösen dürfte wegen des Rückgangs der
Geburtenzahlen um 1965. Für die kritische Zeit des kommenden
Jahrzehnts glaube ich, dass die Möglichkeiten des Hochschulförde-

rungs- und Forschungsgesetzes die Einführung des Numerus clausus
verhindern lassen, auch im Falle der Medizin. Man darf aber von
diesem Gesetz keine Wunder erwarten. Es schafft die Voraussetzungen,
allfällig vorhandene Geldmittel zur Verhinderung von Engpaßsituationen einzusetzen und durch koordinierten Einsatz den Wirkungsgrad des
Bildungsfrankens zu erhöhen. Das Gesetz muss aber von flankierenden
Massnahmen und Haltungen begleitet sein: Die Mittelschulen sollten
ihre Anforderungen an die Leistungen ihrer Absolventen erhöhen.

Die Mittelschulen sollten Schluss machen mit der Diversifikation
und Aufweichung der Maturitätstypen, es sei denn, sie verzichteten
a priori auf eine Anerkennung dieser Ausweise für den Hochschulzu-
gang. Die Hochschulen sollten sich energisch gegen die Anerkennung
weicher Maturitätstypen zur Wehr setzen. Die Hochschulen sollten die
Studienpläne mindestens im Laufe der nächsten 10 Jahre so gestalten,
dass die Verweildauer der Studenten an der Hochschule statistisch
signifikant verkürzt wird. Die Hochschulen sollen die Leistungsanforde-
rungen erhöhen. Die Berufsberatungen sollen die Lage des akademischen Arbeitsmarktes im In- und Ausland gründlich zu erfassen versuchen und die Erkenntnis weitergeben, damit jene vielen quasi-unschlüs-
sigen Maturanden bewusster als je sich Gedanken machen können über
das Ob und Wie ihres Studiums. Wer mit echter Motivation und
innerem Feuer zu einem bestimmten Studium sich hingezogen fühlt,
soll dieses Studium unbeirrt ergreifen! Wer immer studiert, soll einen
breiten Fächerkatalog anlegen, statt sich zu sehr zu spezialisieren. Denn
er wird es nötig finden, später mehr als ein Register ziehen zu können.

Ich fasse zusammen:

– Bildung und Ausbildung sind als Investitionstätigkeit erster
Ordnung zu betrachten; es ist im Interesse des Gemeinwesens, die
Mittel für diese Investitionstätigkeit bereitzustellen.

– Unser Gemeinwesen hat weder ein Interesse noch das Recht,
einem befähigten Studienwilligen vor dem Studium seiner eigenen
Wahl zu stehen.

– Aber unser Gemeinwesen hat die Pflicht, gründlich zu versuchen, dem unschlüssigen Maturanden Möglichkeiten und Grenzen
seiner späteren Tätigkeit vor Augen zu führen, damit er die Entscheidung möglichst bewusst trifft.

– Die Entscheidung selbst – und damit das Risiko – muss beim
Maturanden bleiben und darf nicht dem Staat übertragen werden – die
Entscheidung nicht, aber auch nicht das Risiko.

– Konzertierter Einsatz von Leistungsforderung von Mittel- und Hochschule, von Berufsberatung und von zusätzlichen Mitteln, auf dem Weg über das neue Hochschulförderungs- und Forschungsgesetz zielstrebig eingesetzt, gekoppelt mit einem erhöhten Risikobewusstsein der Maturanden, sind nach meiner Meinung in der Lage, das Wachstum unserer Akademikerbestände in einem vernünftigen Rahmen zu ermöglichen, ohne dass Zulassungsbeschränkungen verhängt werden müssen.

3.15 Das HTL-Studium ist keine Sackgasse mehr[1]

In der Diskussion um die Reform des Bildungswesens stösst man immer wieder auf den Begriff der Durchlässigkeit. Man meint damit, dass die verschiedenen Bildungszüge nach Möglichkeit keine Sackgassen darstellen sollten, aus denen heraus ein Übertritt in einen andern Bildungszug nicht möglich ist.

Absolventen der Höheren Technischen Lehranstalten (HTL) befanden sich früher in bezug auf das Studium an der ETH insofern in einer Sackgasse, als sie als Voraussetzung für die Aufnahme an die ETH entweder eine Maturitätsprüfung nachholen oder aber eine volle Aufnahmeprüfung zu bestehen hatten, wonach sie ins erste Semester eintreten konnten. Die Praxis an den HTL hat nun aber gezeigt, dass es dort Schüler gibt, die relativ spät zur Überzeugung kommen, ein akademisches Studium ergreifen zu wollen, und von denen die Lehrer der Meinung sind, sie besässen die hiezu nötige Eignung. Für solche höchstqualifizierte Absolventen der HTLs bedeutete die herkömmliche Zulassungsvorschrift ein schweres Handicap.

Vor einigen Jahren sind deshalb Vorarbeiten angelaufen mit dem Ziel, für solche HTL-Absolventen eine sinnvollere Übertrittsregelung an die ETH zu ermöglichen. Das Vorhaben wurde seitens der ETHZ und seitens des Technikums Winterthur mit grossem Einsatz zielstrebig vorbereitet, wobei zum vornherein vereinbart wurde, dass die neue Übergangsregelung auf die bestqualifizierten Absolventen der HTL beschränkt bleiben sollte, damit die Höheren Technischen Lehranstalten nicht Gefahr laufen, zu Vorbereitungsschulen für die Technischen Hochschulen zu werden.

---

1 Pressekonferenz am 29. Juni 1976 in Zürich.

Der Schulrat hat in der Folge – erstmals am 13. September 1974 – beschlossen, HTL-Absolventen mit einem Notendurchschnitt von 5,0 nach einer einjährigen Zusatzausbildung am Technikum Winterthur und an der ETHZ zu einer Aufnahmeprüfung zuzulassen in Form der zweiten Vordiplomprüfung jener Fachabteilung, die der Studienrichtung an der HTL entspricht. Die Prüfung ist ergänzt durch einen Aufsatz in der Muttersprache, und der erfolgreiche Absolvent dieser Prüfung wird dann in das fünfte Semester des entsprechenden Normalstudienplans an der ETH aufgenommen. Der Schulratsbeschluss von 1974 bezog sich auf die HTL-Richtungen Tiefbau, Maschinenbau, Elektrotechnik und Chemie und auf die entsprechenden ETHZ-Fachabteilungen Bauingenieurwesen, Maschineningenieurwesen, Elektrotechnik und Chemie. In zwei weiteren Beschlüssen hat der Schulrat dann 1975 das Spektrum der Abteilungen erweitert, die nach neuer Ordnung HTL-Absolventen aufnehmen, und anlässlich seiner Sitzung vom 20. Mai 1976 hat er schliesslich die Regelung auf alle Fachabteilungen ausgedehnt, mit Ausnahme der Abteilung für Pharmazie. Weiter hat der Schulrat an dieser Sitzung beschlossen, HTL-Absolventen den Übertritt auch in solche ETH-Abteilungen zu erleichtern, die nicht den Stammabteilungen der HTL-Abteilungen entsprechen.

So kann neuerdings etwa ein Ingenieur-Techniker der Richtung Hochbau an der Abteilung für Kulturtechnik der ETH studieren oder ein Maschinenbauer an der Abteilung für Physik und Mathematik. Solche Kandidaten belegen die zwei ersten Semester der betreffenden Fachabteilung, machen dann eine Prüfung in der Muttersprache und einer Fremdsprache und haben sich anschliessend der ersten Vordiplomprüfung der Fachabteilung zu unterziehen. Bestehen sie diese, werden sie als Studierende ins dritte Semester aufgenommen.

Wie ist die neue Regelung zu beurteilen? Sowohl innerhalb der ETHZ als auch in der HTL-Direktorenkonferenz wurde sie natürlich eingehend diskutiert; sie fand einhellige Unterstützung. Die Zürcher Regierung hat die nötigen Kredite bewilligt, die erforderlich waren, damit die Ergänzungskurse zentral am Technikum Winterthur zur Durchführung gelangen konnten. Im Herbst 1974 wurden 24 HTL-Studenten zur zweisemestrigen Zusatzausbildung zugelassen. Davon haben 21 sich zur Aufnahmeprüfung gemeldet und diese mit gutem Erfolg bestanden. Interessant ist die Feststellung des Rektorats, dass der Notendurchschnitt dieser HTL-Kandidaten in der zweiten Vorprüfung deutlich über jenem der ETH-eigenen Studierenden liegt!

Ich hatte persönlich Gelegenheit, diese erste Klasse an der Arbeit während des Ergänzungsstudiums in Winterthur zu besuchen, und konnte mich vor allem davon überzeugen, dass diese Studenten ein aussergewöhnliches Mass an Motivation für ihre Studien zeigen. Wir sind zuversichtlich, dass sie hochqualifizierte ETH-Ingenieure werden.

Der zweite Kurs der Zusatzausbildung hat im Herbst 1975 begonnen und umfasst zurzeit 20 Teilnehmer.

Grundlage für die zitierten Schulratsbeschlüsse war die Überzeugung, dass eine erfolgreich abgeschlossene Technikumsausbildung teilweise den gleichen edukativen Wert hat wie eine Mittelschulausbildung, die mit der Maturität abgeschlossen wird. Diese Erkenntnis hat erhebliche bildungspolitische Tragweite, und wir sind heute glücklich, ein erstes so positives Ergebnis aufzeigen zu können.

3.16   Geburtstagsgruss für SIA Aargau[1]

Es ist eine Freude für mich, der Sektion Aargau des Schweizerischen Ingenieur- und Architektenvereins die Glückwünsche der ETHZ zum hundertsten Geburtstag zu überbringen.

Ich möchte die Gelegenheit benützen, ganz kurz drei Probleme aus dem Beziehungssystem Technische Hochschule–Höhere Technische Lehranstalt–Berufsverband zu streifen.

Das erste betrifft das bildungspolitische Postulat der sogenannten *Durchlässigkeit.* Es kommt vor, dass ein Schüler relativ spät merkt, einen Bildungsweg eingeschlagen zu haben, der nicht seinen eigentlichen Talenten entspricht. Er verspürt dann den Drang, umzusatteln. Je nach dem eingeschlagenen Weg befindet er sich aber möglicherweise in einer Sackgasse. Ich betrachte es als Lichtblick, dass die Ausbildung an unseren Höheren Technischen Lehranstalten keine solche Sackgasse mehr darstellt. Eliteschüler einer HTL haben seit 2 Jahren die Möglichkeit, über den Weg eines einjährigen Zusatzstudiums am Technikum Winterthur und einer Aufnahmeprüfung ins fünfte Semester der ETHZ einzusteigen – ohne Maturität. Es war erfreulich festzustellen, dass die erste Klasse von Kandidaten, die diesen neuen Weg eingeschlagen hat, mit grossem Erfolg in unsere Studiengänge aufgenommen werden

---

1 Begrüssung an der 100-Jahr-Feier der Sektion Aargau des SIA, HTL-Windisch, am 18. März 1977.

konnte. Ich bin zuversichtlich, dass es in dieser neuen Kategorie von ETH-Studenten solche gibt, die sich in der Praxis als besonders tüchtige Ingenieure bewähren werden.

Diese erfreuliche Erfahrung darf uns aber nicht dazu verführen, zu glauben – und damit komme ich zum zweiten Problem –, zwischen einem Ingenieur mit Hochschulabschluss und seinem Kollegen mit dem Abschlusszeugnis einer Höheren Technischen Lehranstalt bestehe ein nur gradueller Unterschied. Ich halte es für richtig, dass die Studiengänge dieser beiden Schultypen verschiedene Zielsetzungen behalten und deshalb zu verschieden gearteten Studienabschlüssen führen sollen. Dementsprechend ist es auch im Interesse der Absolventen, des Berufsstandes der Ingenieure und Architekten, der Schulen und der Wirtschaft richtig, die beiden Typen von Absolventen durch die Bezeichnung ihrer *Titel* klar zu unterscheiden. Wir stellen uns deshalb, zusammen mit dem SIA, mit Überzeugung hinter die bundesrätliche Fassung der Regelung der Titelfrage im Entwurf zum neuen Berufsbildungsgesetz.

Das dritte Problem betrifft die *Beschäftigungslage* unserer jungen Ingenieure und Architekten. Die ETH wird seit einigen Jahren vor allem von seiten des akademischen Mittelbaus und der Personalverbände unter erheblichen Druck gesetzt, die Verweildauer von jungen Ingenieuren und Architekten an der Hochschule zu verlängern. Ja es wurde gefragt, ob wir nicht jene frisch diplomierten Absolventen, die in der Praxis keine Stelle finden, noch während 1–2 Jahren an der Hochschule behalten und teilweise besolden könnten. Nicht nur aus Gründen der finanziellen Unmöglichkeit standen wir dieser Frage eher ablehnend gegenüber. Aufgabe der Technischen Hochschulen ist es, Fachleute für die Praxis auszubilden und auf ihre Verantwortung in der Gesellschaft vorzubereiten; wir erfüllen diese Aufgabe in unseren Normalstudienplänen und durch verschiedene Formen der Weiterbildung. Aufgabe der Technischen Hochschulen kann es aber nicht sein, als Expansionsgefäss für die Regelung von Schwierigkeiten auf dem Arbeitsmarkt zu dienen. Um so erfreulicher war für uns die Initiative des SIA, der in seiner «Aktion Junge», unterstützt durch das BIGA, eine beispielhafte Solidarität mit jungen Absolventen der Hochschulen beweist. Die ETHZ beteiligt sich gern an dieser Aktion, indem sie hinter keinem ihrer erfolgreichen Absolventen die Türen schliesst. Wir finden es aber richtig, dass die Verantwortung für das Weiterkommen in der Praxis ausserhalb der Hochschule angesiedelt und nicht der Alma mater aufgebürdet wird.

Darf ich zum Schluss betonen, dass wir bei der Erörterung solcher Probleme in der Regel bei den Höheren Technischen Lehranstalten und dem SIA auf Verständnis stossen und mehr als einmal im gegenseitigen Vertrauen tragfähige Lösungen haben erarbeiten können.

3.17 Die Kantonsschulzeit, 25 Jahre nach der Matur[1]

Es ist nicht erworbenes Fachwissen, das mir zuerst in den Sinn kommt, wenn ich an Eindrücke aus der Kantizeit zurückdenke. Natürlich weiss ich, dass mir die Maturkenntnisse in Mathematik und Naturwissenschaften beim Hochschulstudium zustatten kamen. Und natürlich weiss ich, wie noch heute jene Formung in den Geisteswissenschaften vieles aus der sozialen und politischen Umwelt verständlich macht, was ohne die Kantizeit weniger verständlich bliebe. Die Schulung in den Sprachen, Latein inbegriffen, war und ist nützlich während und nach dem Studium und noch heute, in vielen Lebenssituationen immer wieder – auch das weiss ich. Zuerst in den Sinn kommen mir aber die *Lehrerpersönlichkeiten,* und zwar alle, aber nicht in alphabetischer Reihenfolge.

Der erste: *Paul Steinmann.* Sein Unterricht war elektrisierend. Wenn Daggel nach der Pause in der Türe erschien, mit breitkrempigem, schwarzem (?) Hut, Blick auf die Klasse, Blick der Klasse auf sich, war der Kontakt bereits hergestellt. Er forderte fast ohne Unterlass viel, wenn er zu Beginn der Stunde oder während der Stunde einen unter uns, nach seiner Wahl, die Erkenntnisse der vorherigen Stunde in drei Sätzen zu formulieren aufforderte. Oder wenn er feststellte, dass wir im Praktikum einen Versuch nach der Anleitung in seinem eigenen Buch nachgebildet hatten und dann kommentierte, das sei nicht interessant genug; wir sollten doch eigenen Fragestellungen nachgehen und eigene Versuche aufbauen. Steinmann forderte aber nicht nur methodisch viel, sondern auch inhaltlich. Er begnügte sich nicht damit, dass wir etwas wussten (statt es auch zu verstehen) oder etwas nur verstanden (statt es auch zu wissen). Das ging so weit, dass er von uns B-Gymnasiasten erwartete, Fachausdrücke auch sprachlich zu begreifen. «Mit welchem lateinischen Verb bringen Sie den Begriff Insektizid in Zusammen-

---

1 Erschienen in der Sondernummer des Aargauer Tagblattes vom 27. September 1977 zum 175. Geburtstag der Aargauischen Kantonsschule, Aarau.

hang?» Daggel fand es unverständlich, als jemand «cadere» antwortete, anstatt «caedere» – der Begriff sei doch ganz klar transitiv aufzufassen, nicht intransitiv. Steinmann konnte sich solche Exkurse leisten, weil er über ein sehr breites Wissen verfügte und turmhoch über der Sache stand. Er wurde nicht von jenem Aktualitätshunger geplagt, der so viele andere Lehrer plagte und plagt. Seine Behandlung etwa der Genetik hinkte weit hinter dem damaligen Stand der Genetik her. Das darf sein.

Im Gespräch unter vier Augen legte er viel von seiner Strenge ab. Er nahm sich Zeit, auf Probleme des Gesprächspartners einzugehen. Kurz vor der Matur legte ich ihm einmal meine Pläne vor, mich dem Studium der Entwicklung der romanischen Sprachen zu widmen. Er fand das eine interessante Idee, wies aber darauf hin, dass eine geistig verwandte Tätigkeit sich auch an der Entwicklung eines Tieres aus der Eizelle entfalten liesse; diese Phänomene wären überdies dem Experiment zugänglich. Das Gebiet werde, so Steinmann, an der Universität Zürich kompetent gepflegt; ich solle mich doch dort melden.

Der zweite: *Theo Müller-Wolfer*. Auch er forderte viel. Im Unterschied zu Steinmann war es ihm aber gleichgültig, ob die Schüler die Forderungen erfüllten oder nicht. So setzte er in fast fahrlässiger Weise die eigentlichen Kenntnisse der geschichtlichen Fakten voraus, statt sie mit uns zu erarbeiten. Er strebte an, uns die Zusammenhänge nahezubringen und Persönlichkeiten der Geschichte zu porträtieren. Unvergesslich seine Schilderung des (eines?) Attentats auf Bismarck oder des Privatlebens der französischen Könige. Unvergesslich ist auch seine markige Kritik am Überhandnehmen der Naturwissenschaften, das er mit Augenschein vorführte: hier der teure Demonstrationstisch «dieser Chemiker», dort sein Tischchen mit drei ganzen und einem vom Wurm gekürzten Bein mit der Nofretetekopie und den Holzkästchen voll schlechter Diapositive über Kunstgeschichte. Müller-Wolfer war eigentlich in jeder Hinsicht unkonventionell. Ich habe den Eindruck, er habe uns über sein Fach hinaus und auch ausserhalb des Klassenzimmers, etwa bei einem Bier in der Gais, Stärken, Schwächen und Grenzen wissenschaftlichen Tuns aufgezeigt.

Hier weitere Namen zu erwähnen würde den Verdacht einer Skala aufkommen lassen, den ich vermeiden möchte. Statt dessen frage ich mich, ob rückblickend Wünsche offenblieben. Ja. Welche Rolle spielten Politik, Geisteswissenschaften, Naturwissenschaften, Ingenieurwissenschaften und Kunst im Alltag des Römers, des Menschen in der Renaissance oder anderer Epochen unserer Geschichte? Imagines mundi der historischen Epochen zu zeichnen wäre eine faszinierende Gelegenheit des Gymnasiums gewesen, die zu Recht geforderte allgemeine Bildung noch besser zu gestalten. Natürlich war es uns Schülern unverwehrt, aus den uns analytisch vermittelten Kenntnissen die historische Synthese zu basteln. Aber Lehrer verfügen über mehr Wissen, Erfahrung und damit Weisheit als Schüler und könnten diese Syntheseleistung besser erbringen. Ich möchte nun keineswegs so weit gehen wie gewisse Bildungs-«Wissenschafter» der Neuzeit, die fordern, die Analyse oder das Aneignen von Wissen durch die blosse Montage zu Gesamtschauen zu ersetzen, etwa in der absurden Idee der Grundlagenausbildung anhand von sogenannten Lernprojekten. Vielmehr meine ich, die immer notwendige Schulung im Fachwissen könnte ergänzt werden durch Präsentation und geführte Erarbeitung von Synthesen.

Es fehlt noch ein markanter, unauslöschlicher Eindruck: die farbentragende Verbindung. Die Argovia bot uns die kaum anders ersetzbare Gelegenheit, unter uns und im freundschaftlichen Zwist mit ähnlich Gesinnten aus Industria und KTV Entfaltung der Persönlichkeit zu üben und gelegentlich über die Stränge zu hauen. Es soll dankbar anerkannt werden, dass beides auf wohlwollendes Verständnis jener Lehrer stiess, die doch eigentlich ein Gymnasium ausmachen. Solche Persönlichkeiten immer wieder zu finden, mit gemässigter Rücksicht auf modische Forderungen von Vollblutpädagogen, ist die wichtigste Aufgabe der verantwortlichen Behörden und auch die schwierigste.

Anhang

Publikationsverzeichnis

A. Originalarbeiten und Übersichtsarbeiten in Fachzeitschriften und Büchern

1 Ursprung, H.: Untersuchungen zum Anlagemuster der weiblichen Genitalscheibe von *Drosophila melanogaster* durch UV-Strahlenstich. Revue suisse Zool. *64*, 303–311 (1957). (Diese Arbeit enthält die wesentlichen Daten der Diplomarbeit.)

2 Ursprung, H., Graf, G.E., und Anders, G.: Experimentell ausgelöste Bildung von rotem Pigment in den Malpighischen Gefässen von *Drosophila melanogaster*. Revue suisse Zool. *65*, 449–460 (1958).

3 Hadorn, E., Graf, G.E., und Ursprung, H.: Der Isoxanthopterin-Gehalt transplantierter Hoden von *Drosophila melanogaster* als nicht-autonomes Merkmal. Revue suisse Zool. *65*, 335–342 (1958).

4 Ursprung, H.: Fragmentierungs- und Bestrahlungsversuche zur Bestimmung von Determinationszustand und Anlageplan der Genitalscheiben von *Drosophila melanogaster*. Wilhelm Roux Arch. Entw.-Mech. Org. *151*, 504–558 (1959). (Diese Arbeit enthält die wesentlichen Daten der Dissertation.)

5 Anders, G., und Ursprung, H.: Bildung von Pigmentschollen im Auge von *Drosophila melanogaster* nach experimenteller Schädigung der Imaginalanlagen. Revue suisse Zool. *66*, 259–265 (1959).

6 Graf, G.E., Hadorn, E., and Ursprung, H.: Experiments on the isoxanthopterin metabolism in *Drosophila melanogaster*. J. Ins. Physiol. *3*, 120–124 (1959).

7 Hadorn, E., Anders, G., und Ursprung, H.: Kombinate aus teilweise dissoziierten Imaginalscheiben verschiedener Mutanten und Arten von *Drosophila*. J. exp. Zool. *142*, 159–175 (1959).

8 Ursprung, H.: Xanthindehydrogenase beim Wildtyp und bei den Mutanten white und brown von *Drosophila melanogaster*. Experientia *17*, 232 (1961).

9 Ursprung, H.: Weitere Untersuchungen zu Komplementarität und Nicht-Autonomie der Augenfarb-Mutanten ma-1 und ma-1[bz] von *Drosophila melanogaster*. Z. Vererb.-Lehre *92*, 119–125 (1961).

10 Ursprung, H., und Hadorn, E.: Xanthindehydrogenase in Organen von *Drosophila melanogaster*. Experientia *17*, 230 (1961).

11 Ursprung, H.: Einfluss des Wirtsalters auf die Entwicklungsleistung von Sagittalhälften männlicher Genitalscheiben von *Drosophila melanogaster*. Dev. Biol. *4*, 22–39 (1962).

12 Ursprung, H., und Hadorn, E.: Weitere Untersuchungen über Musterbildung in Kombination aus teilweise dissoziierten Flügel-Imaginalscheiben von *Drosophila melanogaster*. Dev. Biol. *4*, 40–66 (1962).

13 Markert, C.L., and Ursprung, H.: The ontogeny of isozyme patterns of lactate dehydrogenase in the mouse. Dev. Biol. *5*, 363–381 (1962).

14 Ursprung, H.: Embryonic Pre-pattern. In: McGraw-Hill Yearbook of Science and Technology, p.235–238 (1962).

15 Ursprung, H.: Development and Genetics of Patterns. Am. Zool. *3*, 71–86 (1963).

16 Markert, C. L., and Ursprung, H.: Production of replicable persistent changes in zygote chromosomes of *Rana pipiens* by injected proteins from adult liver nuclei. Dev. Biol. *7*, 560–577 (1963).

17 Smith, K. D., Ursprung, H., and Wright, T. R. F.: Xanthine dehydrogenase in *Drosophila:* Detection of isozymes. Science *142*, 226–227 (1963).

18 Ursprung, H., and Markert, C. L.: Chromosome complements of *Rana pipiens* embryos developing from eggs injected with protein from adult liver cells. Dev. Biol. *8*, 309–321 (1963).

19 Ursprung, H., and Schabtach, E.: The Fine Structure of the Egg of a Tunicate, *Ascidia nigra.* J. exp. Zool. *156*, 253–268 (1964).

20 Ursprung, H.: Genetic Control of Differentiation in Higher Organisms. Fed. Proc. *23*, 990–993 (1964).

21 Ursprung, H.: Kernproteine und Genfunktion. Naturwissenschaften *52*, 375–379 (1965).

22 Schabtach, E., and Ursprung, H.: The Fine Structure of the Sperm of a Tunicate, *Ascidia nigra.* J. exp. Zool. *159*, 357–366 (1965).

23 Ursprung, H., and Schabtach, E.: Fertilization in Tunicates: Loss of the Paternal Mitochondrion prior to Sperm Entry. J. exp. Zool. *159*, 379–384 (1965).

24 Ursprung, H.: Genes and Development. In: DeHaan, R. L., and Ursprung, H. (eds.): Organogenesis, p. 1–27. Holt, Rinehart and Winston, New York 1965.

25 Ursprung, H., and Leone, J.: Alcohol dehydrogenase: A polymorphism in *Drosophila.* J. exp. Zool. *160*, 147–154 (1965).

26 Ursprung, H., and Smith, K. D.: Differential Gene Activity at the Biochemical Level. Brookhaven Symp. Biol. *18*, 1–13 (1965).

27 Courtright, J. B., Imberski, R., and Ursprung, H.: The genetic control of alcohol dehydrogenase isozymes in *Drosophila.* Genetics *54*, 1251–1260 (1966).

28 Ursprung, H.: The Formation of Patterns in Development. In: Locke, M. (ed.): The Current Status of some Major Problems in Developmental Biology, p. 177–216. Academic Press, 1966.

29 Ursprung, H., and Huang, R. C.: Genes and Cellular Differentiation. Prog. Biophys. molec. Biol. *17*, 149–177 (1967).

30 Ursprung, H.: Developmental Genetics. In: Roman, H. L. (ed.): Annual Review of Genetics, vol. I, p. 139–162 (1967).

31 Ursprung, H.: In vivo culture of *Drosophila* imaginal disks. In: Wilt, F., and Wessells, N. (eds.): Methods of Developmental Biology, p. 485–492 (1967).

32 Ursprung, H., and Schabtach, E.: The Fine Structure of the Male *Drosophila* Genital Disk during late Larval and early Pupal Development. Wilhelm Roux Arch. Entw.-Mech. Org. *160*, 243–254 (1968).

33 Schabtach, E., Stein, L., and Ursprung, H.: A Fertilization Reaction in *Ascidia nigra:* Formation of Microvilli. Experientia *24*, 397 (1968).

34 Imberski, R. B., Sofer, W. H., and Ursprung, H.: *Drosophila* alcohol dehydrogenase Isozymes: Identity of Molecular Size. Experientia *24*, 504–505 (1968).

35 Ursprung, H.: Developmental Genetics. In: Cooke, R. E. (ed.): The Biologic Basis of Pediatric Practice, vol. 2, p. 1388–1394. McGraw-Hill, New York 1968.

36 Ursprung, H., Smith, K. D., Sofer, W. H., and Sullivan, D. T.: Assay Systems for the Study of Gene Function. Science *160*, 1075–1081 (1968).

37 Sofer, W.H., and Ursprung, H.: *Drosophila* alcohol dehydrogenase: Purification and Partial Characterization. J. Biol. Chem. *243*, 3110–3115 (1968).

38 Ursprung, H., and Carlin, L.: *Drosophila* alcohol dehydrogenase: in vitro changes of isozyme patterns. Ann. N.Y. Acad. Sci. *151*, 456–475 (1968).

39 Markert, C.L., Schabtach, E., Ursprung, H., and Courtright, J.B.: Ultrastructure of Egg Envelopes in Self-sterile and Self-fertile Species of Tunicates. Experientia *24*, 735–736 (1968).

40 Ursprung, H., Leone, J., and Stein, L.: Blastular Arrest and Chromosome Abnormalities Produced by x-rays in two Amphibians: *Rana pipiens and Xenopus laevis.* J. exp. Zool. *296*, 379–386 (1968).

41 Ursprung, H.: Recent Advances in Developmental Biology. In: Birth Defects, Original Article Series, vol. 5, No. 1, p. 5–9 (1969).

42 Ursprung, H., Dickinson, W.J., Murison, G., and Sofer, W.H.: Developmental Enzymology: An analysis of xanthine dehydrogenase in chick liver, and aldehyde oxidase and alcohol dehydrogenase in *Drosophila.* In: Hanly, E.W. (ed.): The Park City International Symposium on Problems in Biology 1969, p. 55–71. University of Utah Press, Salt Lake City 1969.

43 Ursprung, H., Sofer, W.H., and Burroughs, N.: Ontogeny and tissue distribution of alcohol dehydrogenase in *Drosophila.* Wilhelm Roux Arch. Entw.-Mech. Org. *164*, 201–208 (1970).

44 Ursprung, H., Dickinson, W.J., Murison, G., and Sofer, W.H.: Developmental Enzymology. Fed. Eur. Biochem. Soc. Symp. *21*, 231–236 (1970).

45 Ebert, J.D., Coulombre, A.J., Edds, M.V., Jr., Green, P.B., Grobstein, C., Hillman, W.S., Markert, C.L., and Ursprung, H.: The Biology of Development. In: Handler, P. (ed.): Biology and the Future of Man, p. 202–240. Oxford University Press, London 1970.

46 Ursprung, H.: Molekulare Entwicklungsbiologie. Verh. dt. zool. Ges., 64. Tagung, S. 1–6. Gustav-Fischer-Verlag, 1970.

47 Ursprung, H.: Jakob Seiler 1866–1970. Verh. schweiz. naturf. Ges. *1970*, 321–323. Ebenfalls erschienen in Vjschr. naturf. Ges. Zürich, S. 470–471 (1970).

48 Fox, D.J., Abächerli, E., and Ursprung, H.: *Drosophila* Enzyme Genetics: A Table. Experientia *27*, 218–220 (1971).

49 Eppenberger, H.M., Scholl, A., and Ursprung, H.: Tissue-specific isozyme patterns of creatine kinase (2.7.3.2.) in trout. FEBS Lett. *14*, 317–319 (1971).

50 Ursprung, H.: Biochemische Genetik von Enzymen in der tierischen Entwicklung. Naturwissenschaften *58*, 383–389 (1971).

51 Tobler, H., Smith, K.D., and Ursprung, H.: Molecular Aspects of Chromatin Elimination in *Ascaris lumbricoides.* Dev. Biol. *27*, 190–203 (1972).

52 Ursprung, H., and Schabtach, E.: On the Syncytial Nature of Imaginal Disks: The Influence of Fixatives on Membrane Fine Structure. Revue suisse Zool. *79*, suppl., 65–73 (1972).

53 Ursprung, H.: The Fine Structure of Imaginal Disks. In: Ursprung, H., and Nöthiger, R. (eds.): The Biology of Imaginal Disks, p. 92–107. Springer-Verlag, Berlin, New York 1972.

54 Madhavan, K., Fox, D.J., and Ursprung, H.: Developmental Genetics of Hexokinase Isozymes in *Drosophila melanogaster.* J. Ins. Physiol. *18*, 1523–1530 (1972).

55   Sieber, F., Fox, D.J., and Ursprung, H.: Properties of Octanol Dehydrogenase from *Drosophila.* FEBS Lett. *26*, 274–276 (1972).

56   Ursprung, H., Conscience-Egli, M., Fox, D.J., and Wallimann, T.: On the Origin of Leg Musculature during *Drosophila* Metamorphosis. Proc. nat. Acad. Sci. USA *69*, 2812–2813 (1972).

57   Madhavan, K., Conscience-Egli, M., Sieber, F., and Ursprung, H.: Farnesol metabolism in *Drosophila melanogaster:* Ontogeny and tissue distribution of octanol dehydrogenase and aldehyde oxidase. J. Ins. Physiol. *19*, 235–241 (1973).

58   Madhavan, K., and Ursprung, H.: The Genetic Control of Fumarate Hydratase (Fumarase) in *Drosophila melanogaster.* Molec. gen. Genet. *20*, 379–380 (1973).

59   Andres, R., Lebherz, H.G., and Ursprung, H.: Xanthine dehydrogenase and aldehyde oxidase in chicken liver: molecular identity? Molec. Biol. Rep. *1*, 81–86 (1973).

60   Ursprung, H.: Developmental Genetics of *Drosophila.* Genetics *78*, 373–382 (1974).

61   Ursprung, H.: Möglichkeiten und Grenzen der Forschungsplanung und Forschungskoordination an Hochschulen. Wissenschaftspolitik, Beiheft *7*, 73–79 (1975).

B. Kurzfassungen von Vorträgen an Symposien

62   Ursprung, H.: Non-autonomy of the eye-color mutant bronzy (bz, 1-64.9, Fahmy, DIS-32). Drosoph. Inf. Serv. *33*, 174–175 (1959).

63   Ursprung, H.: Xanthine dehydrogenase in wildtype, white, and brown *D. melanogaster.* Drosoph. Inf. Serv. *34*, 110 (1960).

64   Hadorn, E., and Ursprung, H.: Xanthine dehydrogenase in different organs of *D. melanogaster.* Drosoph. Inf. Serv. *34*, 83 (1960).

65   Markert, C.L., and Ursprung, H.: Alteration of zygote chromosomes in *Rana pipiens* by injection of proteins from adult liver nuclei. Am. Zool. *2*, 428 (Abstract) (1962).

66   Ursprung, H.: Alteration of frog zygote nuclei by macromolecular fractions obtained from adult liver cells (Abstract). In: Genetics today, Proc. XIth Int. Congress of Genetics, vol. I, p. 177. Pergamon, London 1963.

67   Ursprung, H.: In vitro hybridization of *Drosophila* alcohol dehydrogenase. Drosoph. Inf. Serv. *41*, 77 (1966).

68   Sofer, W.H., and Ursprung, H.: Ontogeny of alcohol dehydrogenase in *Drosophila.* Am. Zool. *7*, 748 (Abstract) (1967).

69   Sofer, W.H., Landowne, J., and Ursprung, H.: *Drosophila* alcohol dehydrogenase: Estimation of Subunit Molecular Weight. Isozyme Bull. *1*, 40a (Abstract) (1968).

70   Sofer, W.H., and Ursprung, H.: Isozymes of *Drosophila* alcohol dehydrogenase. Isozyme Bull. *1*, 12 (Abstract) (1968).

71   Ursprung, H., and Murison, G.: Proteins in Cellular Differentiation. Federation of European Biochemical Societies, Abstracts Madrid, 1969 (Abstract).

72   Ursprung, H.: Molecular Genetics (Abstract). In: Fraser, F.C., and McKusick, V.A. (eds.): Congenital Malformations, p. 365. Excerpta Medica, 1970.

73   Ursprung, H., and Madhavan, K.: Alcohol dehydrogenase and aldehyde oxidase of *Drosophila menalogaster:* Farnesol and farnesal serve as substrates. Second European Drosophila Research Conference, Zürich 1971 (Abstract).

74 Fox, D.J., and Ursprung, H.: Aconitase and isocitrate dehydrogenase from *Drosophila melanogaster*. Second European Drosophila Research Conference, Zürich 1971 (Abstract).

75 Madhavan, K., McCormick, J.P., and Ursprung, H.: Juvenile hormone mimics: metabolism of farnesol and farnesal in *Drosophila*. Experientia *27*, 21 (Abstract) (1971).

76 Ursprung, H., Fox, D.J., and Conscience-Egli, M.: Gene-enzyme systems in *Drosophila* as tools for the study of Animal Development. Experientia *27*, 25 (Abstract) (1971).

77 Madhavan, K., Fox, D.J., and Ursprung, H.: Developmental Genetics of Hexokinase Isozymes in *Drosophila melanogaster*, Abstracts. 7th FEBS meeting, Varna 1971.

C. Bücher

78 DeHaan, R.L., and Ursprung, H. (eds.): Organogenesis, 804 p. Holt, Rinehart and Winston, New York 1965.

79 Ursprung, H. (ed.): The Stability of the Differentiated State. In: Beermann, W., Reinert, J., and Ursprung, H. (eds.): Results and Problems in Cell Differentiation, vol. I, 154 p. Springer-Verlag, Berlin, New York 1968.

80 Reinert, J., and Ursprung, H. (eds.): Origin and Continuity of Cell Organelles. In: Beermann, W., Reinert, J., and Ursprung, H. (eds.): Results and Problems in Cell Differentiation, vol. II, 342 p. Springer-Verlag, Berlin, New York 1971.

81 Markert, C.L., and Ursprung, H.: Developmental Genetics, 214 p. Prentice Hall, Englewood Cliffs 1971. – Deutsche Ausgabe (überarbeitet und übersetzt von H. Ursprung): 1974, 176 S. Gustav-Fischer-Verlag, Stuttgart – Portugiesische Ausgabe: 1974. Livros Tecnicos e Cientificos, Rio Janeiro, Brazil – Russische Ausgabe: Mir Publishers, Moscow – Japanische Ausgabe: Kyoritsu Shuppan, Tokyo – Polnische Ausgabe: Panstwowe Wydawniktwo Nankowe, Warsaw, Poland – Spanische Ausgabe: Uteha, Mexiko.

82 Ursprung, H. (ed.): Nucleic Acid Hybridization in the Study of Cell Differentiation. In: Beermann, W., Reinert, J., and Ursprung, H. (eds.): Results and Problems in Cell Differentiation, vol. III (1972).

83 Ursprung, H., and Nöthiger, R. (eds.): The Biology of Imaginal Disks. In: Beermann, W., Reinert, J., and Ursprung, H. (eds.): Results and Problems in Cell Differentiation, vol. V, 172 p. Springer-Verlag, Berlin, New York 1972.

84 Ursprung, H. (Hrsg.): Sicherheit im Strassenverkehr, 255 S. Fischer-Taschenbuchverlag GmbH, Frankfurt am Main 1974.

85 Ursprung, H. (ed.): Gene-Enzyme Systems in *Drosophila*, by W.J. Dickinson and D.T. Sullivan. In: Beermann, W., Reinert, J., and Ursprung, H. (eds.): Results and Problems in Cell Differentiation, vol. VI, 163 p. Springer-Verlag, Berlin, New York 1975.

86 Ursprung, H. (Mitautor): Biologie. Ein Lehrbuch, 2. Auflage 1978, 861 S. Czihak, G., Langer, H., und Ziegler, H. (Hrsg.). Springer-Verlag, Berlin, Heidelberg, New York 1976.

87 Cosandey, M., und Ursprung, H. (Hrsg.): Forschung und Technik in der Schweiz, 180 S. Verlag Haupt, Bern 1978.